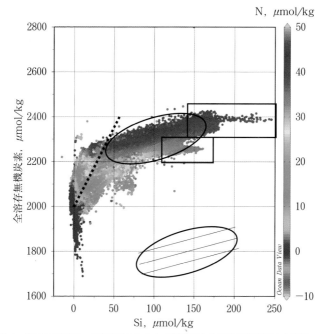

口絵 1　海洋の観測データ[50]に見られるケイ酸濃度と全溶存無機炭素との関係．コンターは溶存無機態窒素の濃度を表す．ケイ酸濃度が 50-150 μmol/kg の時（楕円の内部），コンターは平行に並んでいることに注意．長方形で囲んだ部分は湧昇域に相当するデータ（3.4 節）．点線はケイ素 (Si) を含む拡張レッドフィールド比 (Box 11) に基づく Si と C との関係．　→p.82

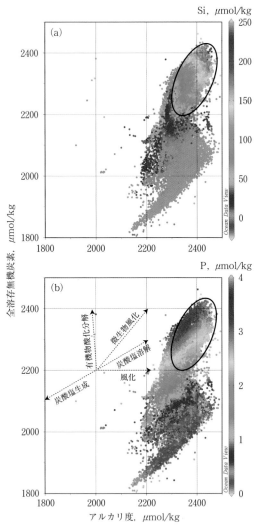

口絵 2　観測データ[50]に見られるアルカリ度と全溶存無機炭素濃度との関係. 上図では ケイ酸, 下図では溶存無機態リンの濃度をコンターにとった. 下図のベクトルは, それぞれの反応に伴う変化を表す.　→p.87

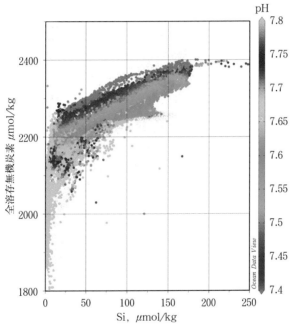

口絵 3　海洋観測データに見られるケイ酸濃度と全溶存無機炭素との関係．図 3.1 と
同じ関係をここでは pH をコンターにして表した．　→p.93

(a) 水深 500 m における海風化バランス指数

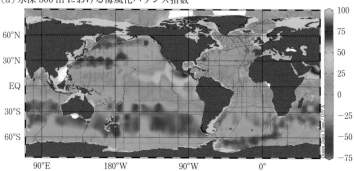

(b) 表面水の p_{CO_2}

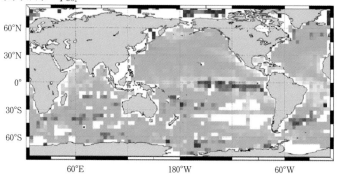

口絵 4　図 3.8 の関係を数値化して得られたバランス指数 (a) と海洋表面の二酸化炭素分圧の観測値[57] (b).　→p.98

生物による風化が地球の環境を変えた

赤木　右 [著]

コーディネーター　巌佐　庸

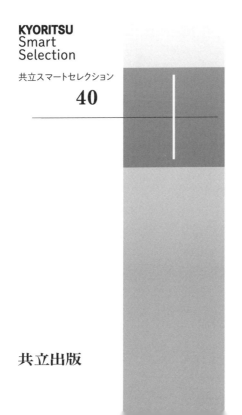

KYORITSU
Smart
Selection

共立スマートセレクション

40

共立出版

まえがき

　この本は，アースサイエンス（地球の科学）における生物の本です．何万年以上もの長いタイムスケールにおいては，生物の小さな小さな営みでも，積もり積もって地球に無視できない影響をもたらすことがあります．風化は，石を構成する成分がバラバラになって溶解する現象を意味します．本書のタイトルにある "生物による風化" というのは，どういうことでしょう．この意味は生物が石を溶かして食べる，あるいは食べて溶かすということになります．こんなこと初めて聞いた！　と思われるかもしれません．

　生物は風化にかかわることによって，炭素の循環にもかかわることができます．一般的に生物と地球環境との関係といえば，光合成活動や，呼吸・分解に伴う二酸化炭素の吸収および放出による大気環境との関係を真っ先に思い出す方が多いでしょう．ところが，光合成の活動は，呼吸・分解の活動とよくつりあっているので，長時間の現象を見る時には，光合成活動は見えにくくなっています．風化活動は，二酸化炭素の吸収へ一方向的に働くので，地球の永い歴史では，光合成活動よりもむしろ風化活動による影響の方が見えてくることがあるのです．本書では，生物の風化活動を直接的・間接的に四苦八苦しながら証明し，生物による風化活動が，陸でも，海でも，おそらく石と水と空気と生物がいるところではどこでも進行していることが示されます．風化に関与する生物は高等植物だけではなく，プランクトンやバクテリアへと拡がっていきます．地球に生物が誕生して以来，生物は石から何らかの栄養を得たり，石に着

生したりした可能性があるので，ひょっとしたら風化は，かなり原始的で，また普遍的な営みであるかもしれません．生物の風化への関与は，通常小さな生物によってわずかずつ進行し，無視されがちな行いですが，大きな地球の環境へと影響する，とてつもない大きな行いでもあることに驚かされるでしょう．小さな生物と大きな地球とのコントラストが，生物のしたたかな力強さを感じさせるでしょう．

　生物の風化活動への関与については，生物学だけではなく，私が専門とする地球科学の分野でも，あまり注目されていませんでした．本書を通して伝えたい重要なことは，生物の風化活動への関与が，純粋な生物学の視点からは，生存するための生物の興味深い営みであること，地球科学の視点からは，海洋の物質循環へ影響することや氷期-間氷期サイクルで炭素を動かしていることです．特に地球科学を学ぶ多くの学生さん，研究者の方々に読んでいただけることを願っています．これまで地球科学という学問が少数の欧米の巨人に方向付けられ，時にはおかしな方向に進んでしまった可能性にも気付かされます．

　現在，私たちは，年々増加する大気中の二酸化炭素濃度による地球温暖化という大問題を抱えています．この数十年でゼロエミッションの実現を迫られる待ったなしの問題です．地球科学者は，この問題に対する解決法や影響を探るために，氷期-間氷期サイクルの炭素循環の解明に取り組んでいます．大気に 280 ppm あった間氷期の二酸化炭素が氷期には 190 ppm にまで下がったにもかかわらず，この 90 ppm 分の二酸化炭素が氷期の間に大気からどこにいったかが未解決のままであり，それが大問題なのです．本書では，生物の風化活動に着目することによってこの大問題の解明が可能であることを示しました．私は，地球科学に今まで生物の風化活動の

視点が欠けていたために，この問題が難問であり続けていたのだと考えています．本書の最後には，現時点で考えている地球温暖化問題の最善の解決策を提案しました．私はすでに大学の教員の職を退きましたので，その策を実現させるための実行力はありません．ぜひ，これから活躍される若い方々に本書をお読みいただき，未来の人類のために地球の二酸化炭素問題解決に取り組んでいただきたいと心より願っています．

2023 年 6 月

赤木　右

目　次

Box

①

風化と生物

1.1 はじめに─ガイア仮説との出会い─

　地球は，生物が宿る珍しい天体である．地球の兄弟惑星で地球より太陽に近い金星や，地球より太陽から遠い火星とは全く異なる大気の組成をもっている．もしも地球に生物がいなかったら，地球は，金星や火星のように，二酸化炭素に満ちた大気で覆われ，その温室効果のためかなり高温になっていたと考えられている．このことから，生物が地球の環境に大きな影響を及ぼしていることは明らかだ．地球の現在の環境は生物の存在の上に成り立ち，したがって，人間社会も生物の存在の上に成り立つ．

　ちょうど私が高校生の頃，日本は高度成長期が終わった頃にあたり，環境汚染による健康被害についての司法処理が大きな社会問題となっていた．私は，自然豊かな中国山地の麓に住み，環境汚染に直接触れることは滅多になかったせいか，修学旅行で新幹線が金属パイプの複雑に絡まった工業地帯を通った時，まるで事件の現場に

居合わせたような気持ちで，そこに見入ったことを覚えている．当時より，「人間活動が原因で，地球の生物が脅かされるようなことがあれば，地球は火星や金星のように生命のいない星になってしまうのではないか」と感じていた．植物が人間活動にどのように痛めつけられているのかを理解しなくてはならないと思った．

当時の環境汚染物質は，カドミウムや水銀などの重金属元素だった．そこで，これらの元素が植物の体に入った時にどんな影響を及ぼすのかを学ぼうと思い，東京大学理科二類に入学した．大学生になると，暇を見つけては東京の街を歩き回って植物写真を撮った．東京の大都会に生きる植物の違いを，写真で記録したかった．しかし，都会の真ん中でも植物は可憐で，田舎で見たものと変わらなかった．弱々しく見える植物を見つけても，その植物は人通りの多い場所やアスファルトの隙間に生えていたりして，むしろ逆に植物の逞しさを感じるようになった．

卒業研究では，環境を計測する技術を学べる不破敬一郎教授の研究室に入った．当時，新微量分析法として登場した ICP 発光分光器の日本第1号機が研究室にはあり，それをいろいろな環境対象に応用することが何人かの学生の研究テーマになっていた．この方法は，ppm から ppb レベルの 40 種もの微量元素を一度に測定できるという画期的なものだった．私は，この分析機器で海水などに微量に含まれる元素の濃度を測るテーマを卒業研究として選んだ．植物や生体中の元素の分析に取り組んでいる学生もいた．研究室にいると，自分の思っていた「植物と微量元素の関係」など重要ではないことを思い知らされた．重金属汚染は局所的であり，そこで問題となるのは決まって動物で，植物はあまり影響を受けることなく育つことがわかったからだ．逆に，重金属を濃縮する植物さえも知られていた．動物は植物よりずっと複雑で，体内に金属元素が誤って入

ると，酵素の中の金属がその金属元素に置き換わって，酵素の立体構造が変わり，酵素の活性に影響を及ぼすことを学んだ．植物と環境との関係を学ぼうと思っていたのに，これから何をしたらよいかわからなくなっていた．しかし，海水と微量元素を研究テーマとして選んだことが，のちに生物と環境についての重要な問題に関連していった．不破敬一郎先生は，卒業研究は今後の一生を左右することになるとおっしゃっていたが，確かにその通りで驚いている．

　大学院に入ると，私は新しい分析法の開発に取り組んだ．アメリカで長い間研究をされてきた不破先生は，海洋化学の専門ではなかったが「鉄の沈殿を海水中でつくれば，そこに微量元素が捕まる（**図1.1**）．海洋ではそれが実際起こっていて，多くの元素が捕まってさっさと海底に移動する」と教えてくれた．そこで私は別の元素を用いて沈殿をつくり，微量元素を濃縮する方法を試みた．それと

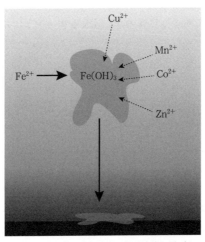

図1.1　水酸化鉄の沈殿による微量元素の除去．鉄共沈法と呼ばれ，実際に海水中の微量元素の濃縮法として知られていると同時に，海洋の微量元素の循環に大きな影響をもたらしていると考えられている．鉄は本書でもたびたび登場する元素の1つである．

並行して，研究船に乗り，太平洋の真ん中，日本近海，瀬戸内海などから海水をとってきては，ひたすらその中の元素を分析した．当時の技術では自然に含まれる濃度レベルできちんと元素量を測るのは，2つの点で難しかった．1つは，もっと少ない元素量を測れる感度が必要だったこと，もう1つは，少ない元素量になってくるといろいろなところから同じ元素が混ざってくる「コンタミネーション」という問題があったことだ．当時は，コンタミネーションを制御する研究が世界中で盛んに行われていたのである．とにかく，いくら研究をしても，これら2つの問題のために，そこから何か意味のあることがわかる可能性は限られていた．年に何度か乗る研究船では，船の上で採水作業をし，塩分など基本的なデータをとるために分析を行う．微量元素の分析は，後で陸に戻って研究室で行う．そんな単純な作業の繰り返しだった．気分転換のために甲板に出ても，見えるのは海．そこでの私の研究生活は，目的を見失い，ただ結果をまとめてあまり意味のない論文を書くマシンのような味気ないものだったように思う．

　そんな船での楽しみは，つらい作業の後，ビール缶やカップヌードルを研究員の一部屋に持ち寄って始まる宴会だった．他の大学の先生や学生と研究生活についていろいろな話ができ，ありがたい刺激を受けることができた．そのような中で，当時京都大学の助手であった中山英一郎先生が，「この本は読まんとあかん．面白いで」と京都訛りで船に持ち込んでいた1冊の本を見せてくれた．その本は，『ガイヤの科学　地球生命圏』というラブロック博士が書いたガイア仮説の最初の本[1]で，のちの私の研究に指針を与えてくれるほど影響をもたらした．

　英国の研究者のラブロックは，電子捕獲型ガスクロマトグラフィーを開発した分析化学者である．この方法では，空気中の極微量

の気体分子を検出することができる．ラブロックはこの技術を携えて，NASA の惑星の生命探査プロジェクトに参加した．ある星に生物がいるかどうかを調べるには，闇雲に生物を探し当てる必要はない．その星の大気の成分を分析して，何か不自然なこと（化学平衡からズレている状態）がないかどうか調べるだけでよいと主張したのである．この考えは，現在も多くの研究者に影響を与えている．分析化学者の目のつけどころといえる．

　感銘を受けたのは，そういった生命探査技術の考え方ではなく，その先にある信じられない論理の飛躍にある．ラブロックは大気に存在する微量な分子に目をつけたが，それが生物活動によって発生した化学物質であるとしよう．その分子は往々にして機能をもっていて，地球の環境に影響を与えることができる．たとえば，微量であっても，ある分子はある波長の太陽光を吸収することにより気温を変えたり，また別の分子は雨滴の核になって雲をつくり地表に降り注ぐ太陽光線の量を変えたり，といった具合にだ．人間の体温が，身体の中を巡るさまざまな生体分子（酵素のようなものを想像するとよい）の効果でほぼ一定に保たれるように，地球全体の温度も，このような生命特有の分子によって調節されてきたのではないかという説を唱えたのである．つまり，地球という惑星を，そこに宿る生物により環境を管理された1つの生命体と捉える．これがラブロックの唱えるガイア仮説である．私はその突拍子もない考えに強く惹きつけられた．

　具体的に地球を例にとってガイア仮説を考えてみる．太陽はその年齢とともに次第に明るくなっていく．太陽が暗かった昔には，メタン生成菌が地球に棲んでいて，大気は効果的な温室効果ガスであるメタンに覆われ，地球は生命が棲める環境下にあった．太陽が明るくなっていくと，光合成生物が誕生し，大気中の二酸化炭素の濃

度が下がっていった．太陽の最も明るい現在は，0.03% の二酸化炭素濃度になっている．（人間活動によって，現在は 0.04% を超えている）．その結果，地球は生命が誕生した 38 億年前から，現在までずっと生物が棲める環境であり続けた．ラブロックは，地球がずっと生物が棲める環境下にあったのは偶然ではなく，生物がいる限り必然ではないかと考えていた．

　ラブロックは，生物に由来する物質を介したフィードバック（**Box 1**）に注目した．たとえば，暑い日は，微量にしかないあるホルモンが活躍して汗腺を刺激し，体温上昇を抑えるために私たちは汗をかく．そして水を蒸発させ，その結果冷やす．この作用により人間は，あるホルモンや水という物質を使って体温の変化を打ち消そうとしていると見ることができる．地球も同様で，暑くなると二酸化炭素濃度を減らす生物が活躍し，温度変化を打ち消そうとしている．このように地球でも，生命は化学物質を用いて環境変化を抑えようとしていて，環境中に微量に存在する分子が，あたかもホルモンのように振る舞っているのではないか，というのである．

Box 1　フィードバック

　フィードバックとは，ある系に注目して，外からある変化を加えた（インプット）時の，その系の応答（アウトプット）のことである．インプットとアウトプットの関係から，正と負の 2 種類のフィードバックがある．正のフィードバックの場合，インプットとアウトプットの変化の向きは同方向で，負のフィードバックの場合は，逆方向になっている．正のフィードバックの例としては，拡声器のハウリングが挙げられる．インプットした自分の声が拡声器によって増幅され（アウトプット），それが再び拡声器にインプットされ，ますます増幅されるような場合である．正のフィードバックによって，制御不能な状態に陥ることがある．負のフィードバックの例としては，サーモスタッ

トがよく挙げられる．温度が上がる（インプット）と電熱線に電気が通じなくなり，温度が下がる（アウトプット）．温度が下がる（インプット）と電熱線に電気が通じ，温度が上がる（アウトプット）．負のフィードバックにより，状態が恒常的に保たれることがある．

　当時から，そして現在も，学術界がこのようなガイア仮説を見る目は冷ややかで，地球を1つの生命体と見るのは選択・淘汰の過程を経ていないので，特に生物の研究者からの強い批判がある．私自身，理論に裏づけられた学問とは思っていない．しかし，その当時は，生物と環境との関係を探るためにラブロックと同じ分析化学を学んでいたという自身の原点を思い出し，研究の目標が再び輝き出し，その光に向かっていこうという気持ちが湧いたのを覚えている．何か，注目されていない生物を介した，まだ注目されていない物質を介した未知のフィードバックがあるのではないか？　そんなフィードバックにより地球の環境が影響されているとしたら，私たちはそれにかかわる生物を知る必要があるのではないか．雲をつかむような話である．

　研究は新奇的であればあるほど，最初は雲をつかむようなところから出発したではないか．人がやっていることを真似をしてもつまらない．サイエンスはこのようにして進歩してきた．そして，私が学んでいる理学部はこのような新奇な発見が評価されるべきところではないだろうか．若かった私はそんなことを感じながら，生物による未知のフィードバックの可能性に心踊らされた．

　それから約半世紀たち，環境中に重金属の放出をコントロールする技術が進歩し，環境汚染は幸いにも地球全体の環境に影響するような大きな問題とはならなかった．化学的な見方をすれば，金属は反応性が高く，環境中で除かれ拡散しにくいため，地球全体の問題

にならなかったのは当然かもしれない．しかしながら，重金属による環境汚染よりももっと地球全体に影響する2つの問題が進行していた．

1つは，フロンの放出によるオゾン層破壊の問題である．フロンは人工の分子で，その化学的な丈夫さ，すなわち安定性を売り物にして大量につくられた．重金属と比べはるかに反応性が低いがゆえに，皮肉にも成層圏まで運ばれ，そこでオゾン層を破壊する．オゾン層破壊のメカニズムを突き止めた3人の科学者はノーベル賞を受賞し，この問題は国際的な関心を呼び，フロンの製造を規制する国際的な枠組みがつくられ，急速に解決へと向かっていった．

2つ目に，大気の二酸化炭素濃度増加の問題である．人間活動によって，大気に二酸化炭素として放出された無毒の気体は，大気に移り，着実にその濃度が上昇している．二酸化炭素はフロンほど安定ではないが，地球から放出される赤外線を吸収することにより，地球規模の影響力がある．二酸化炭素は最も重要な温室効果ガスの1つであり，その影響を議論した真鍋淑郎博士はノーベル賞を受賞した．二酸化炭素は，植物が消費し，生物が呼吸により放出する．この問題を理解するには，やはり，生物と物質，物質の中でも特に炭素の関係を理解することが重要である．私の原点は生物と地球環境にあったので，当然この問題に強い関心を抱いていた．一方で，この問題に対し，多くの研究者が国際的に取り組み，気候変動に関する政府間パネル（IPCC）の活動のように大規模でしかも実践的な研究が進行していた．私がこの問題に貢献できることは，ないのではないかと思っていた．いつも関心を失わずにいると，研究はやはり導かれるように進むのであろうか．本書でも，二酸化炭素の問題に関して他の研究者が見逃していた重要な視点を展開することになる．

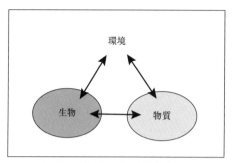

図 1.2　生物と環境と物質の絡み合い

　さて，ラブロックに刺激されて私の関心は，環境，物質，生物の三者の絡み合い（**図1.2**）になった．環境が変わると，生物が変化を受けるだろう．生物は物質を代謝によって動かしているので，物質の動きも変わるだろう．生物は，直接ないし物質を通して間接的に環境を変えるだろう．そのような絡み合いがフィードバックをつくる可能性がある．このようなことを学ぶ学問はあるのだろうか？

　大学で化学，特に分析化学を学んだ私は，幸運にも東京大学で地球化学研究で名高い増田彰正教授に助手として雇っていただいた．地球化学は化学，生物，地球科学を基盤にし，生物を含む環境中での物質の挙動を扱うことができる．本書では，化学，生物学，海洋学などの複数にわたる学問を基礎にしている．

1.2　地球環境のフィードバックシステム

　地球全体をシステムとして考えた時，生物の関係する有名な環境調節機構が知られている．それは，光合成生物の酸素と二酸化炭素濃度を介するフィードバックである．大気の二酸化炭素濃度が低くなると，光合成を行う植物の働きが低下し，その結果，固定した植物の分解量が上回り，植物全体の量（バイオマス）が少なくな

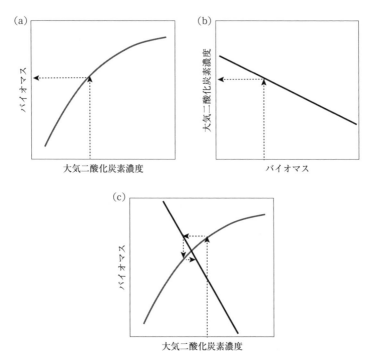

図1.3　大気二酸化炭素と植物のバイオマス間のフィードバック．a) 大気二酸化炭素濃度が決定するバイオマス，b) バイオマスが決定する大気二酸化炭素濃度，c) a と b を重ね合わせた図．大気二酸化炭素と植物のバイオマス間のフィードバックにより，系の状態が制御されることを示している．

り，大気の二酸化炭素濃度が増える．逆に，二酸化炭素濃度が高くなると，植物は光合成を行いやすくなり，分解量よりも固定量が上回り，植物のバイオマスが増加し，二酸化炭素濃度が低下していく（**図 1.3**）．ざっくりといえば，このようにして，大気中の二酸化炭素濃度はある程度調節されていると考えられる．

　酸素に注目しても全く同じような関係が成り立つ．つまり，酸素濃度が低いと，分解反応や燃焼反応が起きにくくなり，酸素の消費

量が抑えられる．逆に酸素濃度が高いと，分解反応や燃焼反応が起きやすくなり，酸素の消費量が増加する．

　この働きにより，大気の二酸化炭素や酸素の濃度は，ある一定値に落ち着くことになる．この例のような大気の二酸化炭素濃度と光合成生物の量との間には互いに依存する関係があり，負のフィードバックシステムをなしていて，環境を一定に保つサーモスタットのような役割を果たしている．

　実際には，やや複雑なことも起こりうる．なぜなら，温室効果ガスである二酸化炭素の場合，その濃度の変動は気温に影響する．そして，光合成生物が棲みやすいかどうかで，落ち着く二酸化炭素濃度が異なるからである．たとえば，気温が限界値を超えると植物のバイオマスは減ってしまい，その結果二酸化炭素濃度が高くなる．しかし，この高い二酸化炭素濃度がより高い温度条件をもたらすと，インプットの温度上昇がアウトプットでも温度上昇としてつながっているので，今度はインプットとアウトプットが順方向で結びつく．このような場合には，正のフィードバッグのシステムをなしていることになり，このつながりによって，次第に温度が上がっていく（**図 1.4**）．

　このシンプルな，二酸化炭素という物質，温度という環境，植物という生物との間でも，正と負のフィードバックが共存し，場合によって，強い環境制御を行ったり，環境が制御不能になったりする．現在進行中の大気二酸化炭素濃度の上昇により，どのような応答が将来地球に現れるか，懸念される理由である．その予測を行うには，地球に内在しているフィードバックの種類を知り，それらがどのように作用するのかを正しく理解しなければならないことは明らかである．このように，ラブロックの本に出会って以来，何か注目されていないフィードバックが地球のシステムにはあり，それを

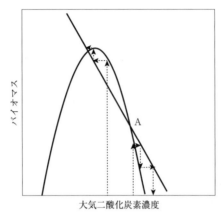

図1.4　二酸化炭素濃度が温度に影響する時の二酸化炭素とバイオマスのフィードバック．Aの二酸化炭素濃度を境に，系の状態が制御されたり，制御不能になるかが変わったりする．

発掘することが重要であると考えていた．

　想像を張り巡らせば，フィードバックはいろいろと思いつく．たとえば海藻はどうだろう．沿岸域には，海藻が繁茂している．この海藻は，炭素を固定する．海藻がもしも分解を免れ，大陸棚を滑って，深海に到達できれば，結果として大気から炭素を除くことになる．どのような環境で，海藻の炭素固定量は変動するのだろうか．陸からのミネラルに富んだ河川水の影響は？　海水温の上昇の影響は？　このような条件が大気の二酸化炭素濃度によって変動するとすれば，立派なフィードバックループができあがる．また，湿原のミズゴケはどうだろう．高緯度の湖には大量のミズゴケの堆積層が分布する．フィンランドでは，国土の3割がミズゴケ層に覆われている．深いところでは10メートルを超える堆積層もある．ミズゴケの堆積層はどのような条件で厚くなり，どのような時に薄くなるのだろう．たとえば，温度が上昇した時に堆積層が発達すれば，二

酸化炭素の減少につながり，負のフィードバックループになる．このように，フィードバックの例は枚挙に暇がない．

これらの可能性についてを実際に研究テーマにして，研究者人生の大半の約20年を費して取り組んだ．特に，ミズゴケについては，環境庁や関係県の役所に申し出て尾瀬湿原の泥炭層を調査したり，スウェーデンやアルゼンチンと国際共同研究も行ったりもした．しかし，これらのフィードバックが実際に働いていることを示す証拠集めがうまくいかなかった．

1.3　風化とは

地球環境には，風化反応からなるフィードバックの可能性が報告されていた．このフィードバックは長い時間をかけ，無生物的に進んでいるとされてきた（本書ではのちに風化反応は無生物的ではない可能性を示す）．風化には物理的風化と化学的風化という2種類があり，ここでいう風化は化学的風化を指す．物理的風化は岩石が物理作用によって砕かれていくのに対し，化学的風化は岩石が水と二酸化炭素と反応して，溶解していく過程を指す．物理的風化は岩石と反応物との接触面積を増やすので，化学的風化を促す作用がある．

具体的な化学的風化反応は，例として長石（斜長石）をとって，

$$CaAl_2Si_2O_8 + 2CO_2 + 8H_2O = Ca^{2+} + 2Al(OH)_3 + 2HCO_3^-$$
$$+2H_4SiO_4 \tag{1}$$

のように表せる．鉱物の化学式は複雑でわかりにくい．岩石を構成する鉱物の多くは，長石のように陽イオンとケイ酸が結合している．これをケイ酸塩鉱物と呼ぶ．次のように一般化すると，わかりやすい．

ケイ酸塩鉱物 ＋ 二酸化炭素 ＋ 水 → 陽イオン

＋ 炭酸水素イオン ＋ ケイ酸　(2)

この最後に生じる陽イオンは，化学的性質によって溶解することもあれば，溶けにくい酸化物になることもある．ここで注目してほしいのは，反応に二酸化炭素が関係していることである．風化反応は，二酸化炭素を除く反応である．

　この反応により生じた炭酸水素イオンが最終的に海に到達すると，海ではカルシウムイオンと反応して炭酸カルシウムとなり，貝やサンゴの一部になったり，外洋では円石藻というプランクトンの殻となったりする．つまり，以下のように表せる．

$$Ca^{2+} + 2HCO_3^- = CaCO_3 + H_2O + CO_2 \qquad (3)$$

この反応 (3) を石灰化反応という．実は，これらの 2 つの反応のセット（式 2 と式 3）は，地球の二酸化炭素に富む原始大気から二酸化炭素を除く反応として知られている（**図1.5**）．2 つをセットで考えなければならない理由は，片方の式 2 だけでは海洋にあるイオンが溜まってしまったり，片方の式 3 だけでは逆に足りなくなってしまったりするからである．地球は陸と海がつながって物質が循環しているので，実際には片方だけが起こるようなことはない．式 2 の反応で二酸化炭素が吸収されても式 3 の反応で再び生じるので，2 つの反応で二酸化炭素の出入りがないと思うかもしれないが，式 2 の反応では式 3 の反応で生まれる二酸化炭素より多くの二酸化炭素を必要とし，セットで考えると確かに二酸化炭素が吸収されていることがわかる．ここでは斜長石という鉱物を例にとって示したが，地殻を構成する鉱物全体を考えても，大気の二酸化炭素が炭酸カルシウムとして海底に除かれていることになる．

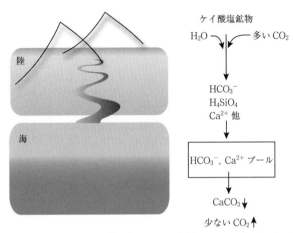

図 1.5　陸の風化反応と海の石灰化反応のセット. 河川によってつながっていることに注意. このセットにより, 大気の二酸化炭素が次第に除去されていく.

　式 3 に関して, おかしな体験がある. ある新聞社から環境問題について取材を受けた時のことである. 大気の二酸化炭素問題のためにもサンゴ礁を保護する考えに学問的な意見を求められた. それに対し, 化学的には炭酸カルシウムをつくると二酸化炭素が発生することを説明すると, 取材者はあっけにとられて取材は立ち消えになった. 式 3 は直感に反し, なかなか理解しにくい式であるが, 本書で何度も登場するのでここでしっかりと頭に入れておいていただければと思う. 頭への留め方として,「炭酸カルシウムの生成だけ起こそうとすると二酸化炭素を放出するが, その材料をつくることから始めて炭酸カルシウムをつくるなら二酸化炭素を吸収する」または「炭酸カルシウムの生成は, 短期的 (10 年以下) には二酸化炭素の放出 (式 3 のみ), 長期的 (100 年以上) には二酸化炭素の吸収 (式 2, 3 がセット) に寄与する」はどうだろう (図 1.6). タイムスケールの差 (Box 2) は, 海という炭酸水素イオン (HCO_3^-) とカル

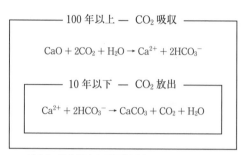

図1.6 風化反応と石灰化反応のタイムスケール

シウムイオン（Ca^{2+}）の膨大なプール（図 1.5）の存在が効いている．

風化は，大気の二酸化炭素濃度が高い時には急速に進むと考えられ，二酸化炭素を減少させる効果をもつので，負のフィードバックの作用をもっている．逆に，二酸化炭素濃度が低い時には，風化の速度が遅くなり，二酸化炭素の減少は抑えられる．

光合成生物がまだ進化していなかった頃は，これらの反応式 2, 3 のセットが炭素を巡る最も重要な反応だったろう．兄弟惑星の金星や火星と比べて，地球に二酸化炭素が少ないのは，地球には海があって，石灰岩の地層ができたからだと思うかもしれない．それは真実であるものの，それだけでは現在の 0.03%（つい最近 0.04% を超えてしまった）という低い二酸化炭素濃度は説明できない．光合成を行う生物の登場が必要だ．風化反応は非常にゆっくり進む．事実，現在風化反応は，植物による炭素固定に比べ，毎年 500 分の 1程度の炭素しか動かしていない[2]．それなら，大気の二酸化炭素濃度を調節するフィードバックとしては，やはり生物が重要だと思う読者が多いだろう．しかし，風化反応は光合成活動にはない特徴をもつ．光合成反応は，逆反応すなわち呼吸・分解が進行しやすいの

Box 2　タイムスケールと炭素循環

タイムスケールを変えると，見えてくるものや効いてくる現象は変わることがある．

カメラの露光時間を変えて景色の写真を撮ってみることを想像するとよい．早く動くものは消えてしまい，止まっているかほとんど動いていないものしか写らない．速い動きを捉えるには，それなりの短い露光時間が必要になる．

本文の例では，石灰化は，比較的小さなタイムスケールで，生成と溶解を繰り返しながら進行している．海岸では溶けかかった貝を見ると，そのことが実感できる．その現象に覆いかぶさるように，大きなタイムスケールの風化が一方向的に進行している．

炭素循環の場合，光合成と分解は数ヶ月以下のタイムスケールで見える．この両者は1年を通すとほぼつりあっているため，数年のタイムスケールで見ると見えにくい．数十年のタイムスケールでは，現在では，人類の化石燃料の消費の影響，人間活動による地球のバイオマス量（森林面積など）の減少が卓越して見えている．第4章で扱う氷期–間氷期サイクルは，10,000年〜100,000年のタイムスケールで顕著に見られる現象である．それ以上タイムスケールの長い現象になると，直接二酸化炭素濃度のデータから見ることは不可能である．寒暖の記録である酸素同位体比（Box 13参照）から間接的に見ると，1,000,000年以上では植物（C4植物など）の進化や造山運動，プレートの動きなどの影響が見えていると考えられている．本書のテーマである風化活動は地殻活動（火山活動，造山運動など）によって打ち消される関係にあり（Box 3「風化の逆反応」参照），長いタイムスケールでは，実際には，風化活動と地殻活動の優劣が見えていると考えられる．

に対し，風化反応は，基本的に一方向である．厳密にいえば，地球内部の地熱活動を通して逆反応が起こっているが（**Box 3**），地球の地熱活動が時間的に衰退していくので，逆反応も衰退する傾向にあ

Box 3 風化の逆反応

　風化の逆反応は2つある．1つは，ケイ酸が主にアルミニウムのイオン，炭酸と反応して粘土となる反応で，たいてい熱帯の沿岸域で起こっている．これにより，二酸化炭素が生成される．もう1つは地熱活動で，プレートの沈み込みで大陸下部に引きずられた炭酸カルシウムとケイ酸が高温で反応する．

$$CaCO_3 + SiO_2 \rightarrow CaSiO_3 + CO_2$$

ここで生じる CO_2 は，火山活動で地表に戻る．前者の逆反応は，風化に比べ小規模[3]，後者は数千万年にかけて起こる反応であり，人間環境のタイムスケール（長くても 10^4 年）と比べてもはるかに長く，本書ではどちらの逆反応も無視している．

る．このために，地球大気の二酸化炭素濃度が着実に低下してきたのだ．風化反応は一方的に二酸化炭素を吸収するために，海洋全体を氷が覆った状態（スノーボールアース）をもたらした一因と考えられている．風化反応は本書の中心のテーマになっている．

1.4 風化と植物

　さて，その風化の速度が植物の有無によって変わるという報告がなされている．植物に覆われている土壌は，そうでない土壌よりも数倍から1桁程度風化速度が大きくなる（**表 1.1**）．土壌は構造をもち，より下部では風化の程度の少ない岩石が多くなっている．土壌に植物が多いと風化のスピードが増加する理由は，植物の根が呼吸によって二酸化炭素を放出したり，有機酸を分泌するからと考えられている．植物によって風化速度が大きくなることは，以下に示すように，重要な意味をもつ．二酸化炭素が多い時には，植物も繁茂

表1.1　植物の存在が及ぼす風化速度の変化

風化物質	風化の増加	植物または植生	文献
玄武岩	5 倍	維管束植物	Cawley et al. (1969)[4]
黒雲母	1〜4 倍	森林	Taylor and Velbel (1991)[5]
玄武岩	2〜5 倍	マツ	Bormann et al. (1998)[6]
玄武岩	1〜5 倍	森林	Arthur and Fahey (1993)[7], Berner (1999)[8]
玄武岩	2〜5 倍	森林	Moulton and Berner (1998)[9]
玄武岩	1.5〜5 倍	農地	Benedetti et al. (1994)[10]
玄武岩	1〜5 倍	農地	Hinsinger et al. (2001)[11]
	100〜500 倍	作物	
リン酸塩岩	+70%	マメ科植物	Hinsinger and Gikes (1995)[12]
雲母	+8% and 2%	アブラナ	Hinsinger et al. (1993)[13]

し，より強力な風化作用により，二酸化炭素を減少させることができる．つまり，植物はあたかも触媒のように働き，風化による大気二酸化炭素濃度の調節機能を高めていることになる（図1.7）．

　風化のもう1つの特徴は，地球表層への元素供給の出発点であるということである．地球表層は陸，土壌，大気，海をひっくるめた部分で，主に生物が活動する場である．地球の表層，特に生物の棲む環境への，水素，酸素，窒素の三元素を除くほとんどの元素の起源は，陸を構成する岩石である．したがって，地球の環境への元素供給タンクにおける元栓の開閉権を，植物が握っているということができる．極端な話ではあるが，私たちが陸の植物を滅ぼすようなことをしてしまうと，海に棲む生物は必要な元素が十分に手に入らず，困ったことになるかもしれない．

　風化が地球表層の生物に栄養を供給する始点であるので，風化の影響が他の生物に作用して，環境変化を通じて最初の生物に影響が伝わることがあれば，地球のより広範囲な環境に影響を与える機構になっているかもしれない．ファルコフスキー博士の考え

20

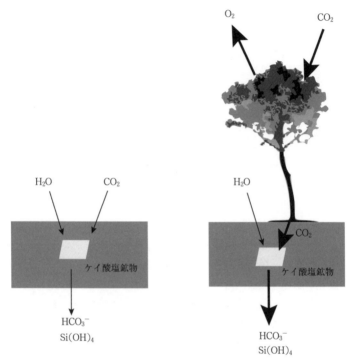

図 1.7 植物が風化速度を上昇させる仕組み. 風化反応にとって, 植物はあたかも触媒のように働いている.

を例[14),15)]として挙げたい. イネ科植物は, 土壌から体内にケイ酸 (**Box 4**) を濃縮し, オパール (2.1 節を参照のこと. シリカゲルもオパールである) をつくって乾燥に強い. オパールは溶解しやすいため, イネ科の植物は, 結果的に陸の風化速度を上昇させる. 地球が乾燥していた時期にはイネ科植物が繁殖し, 風化のスピードが上昇して, そのうち海洋のケイ酸濃度が上昇した. すると, 海では珪藻というケイ酸の殻をもつ植物プランクトン (これについては第 2

Box 4　ケイ酸とその基本構造

　ケイ酸とは，ケイ素 (Si) が 4 つの酸素 (O) と結合した物質で，化学的には，硫酸やリン酸などとともにオキソ酸の一種である．酸素は陸で最も多い元素，ケイ素は 2 番目に多い元素である．重さにして陸のおよそ半分をケイ酸が占める．ケイ素は，地球上ではほぼすべてがケイ酸の状態で存在している．最も小さなケイ酸は，Si に 4 つの (OH) と結合し，正四面体の中心に Si が頂点に OH が配置した状態である（**図**）．このケイ酸のユニット（左）は右のように脱水縮合することによって，1 次元，2 次元，3 次元的につながることができ，その結果できる結合体もケイ酸と呼ぶ．これによって，陸の岩石を構成する多彩なケイ酸塩鉱物の基本骨格がつくられる．

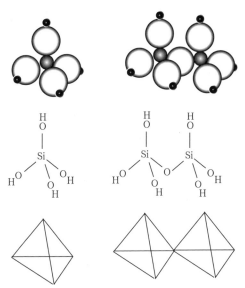

図　ケイ酸，H_4SiO_4 または $Si(OH)_4$ およびその二量体の立体構造の 3 通りの表し方

章で詳述）が繁茂し，イネ科植物に加え珪藻の光合成の作用により大気の二酸化炭素が固定され，気候が変わった．このように，陸上でのイネ科植物の出現が，海での珪藻の繁栄と密接につながっているのではないかと考える研究者が多い[14]．私は，必ずしもこのつながりの一つひとつを正しいと思っていないが，それがもしも正しければ，さらにその続きとして次のようなことが起こるかもしれない（こんなに単純にはいかないかもしれないが……）．変化した気候は，最初のイネ科植物にさらに影響する．その変化がその植物に適していれば，変化はより加速され，逆に適していなければ，変化は抑えられるかもしれない．結果として，地球はイネ科植物に適した環境に向かっていくかもしれない．同様のつながりが，イネ科植物や珪藻以外の生物を介して，また，ケイ酸以外の元素が循環して行われている可能性があり，風化はいろいろな可能性を秘めているかもしれないのである．

　ここで視点を変え，風化反応を植物の視点から眺めてみよう．そうすると 2 つのケース（**図 1.8**）が考えられる．1 つのケースとして，植物が生育する際に土壌の条件が変化し，その結果，風化速度も副産物的に上昇したという考え方である．その考え方では，植物が利益を得るとしても偶然であり，利益を得るがために植物は風化速度を上げているのではないと考える．もう 1 つのケースでは，植物が風化速度を上げるために，土壌に作用しているという考え方である．風化反応により植物は，岩石の中の成分を栄養として補う．また，土壌の質を変化させ自らの生育に適した状態に保つなどの利益を受けることができ，そのため積極的に植物が岩石へ作用していると考える．前者のケースを受動的，後者のケースを能動的として区別する．今までの研究では，特にこの違いが議論されることはなかった．能動的ならば，風化はそこに生育する植物の生存により有

ケース1　受動的　　　　　　　　　　　　　ケース2　能動的

ケイ酸塩鉱物　　　　　　　　　　　　　　ケイ酸塩鉱物

図1.8　植物の風化への受身的関与と能動的関与．能動的であれば，植物は必要な栄養
を求めてピンポイントにケイ酸塩鉱物に働きかける．両者の区別は困難な場合が多い
が，区別するよい方法はないだろうか？

利になるよう土壌に働きかけていると見るべきであり，受動的なら
ば，風化した環境に適応しているだけということもできよう．能動
的であるならば風化は生物学が扱うべきであり，受動的であるなら
ば現象を見るだけでよいので，物質の動きを扱う地球化学などの学
問の対象となるという言い方もできる．このような質的な差は，特
に理学が大切と考えるところではないかと思う．

　受動的であれば，風化がその植物の生育により加速された時，そ
れがたまたまその植物にとってより望ましい環境であれば，その植
物は繁栄するだろうし，たまたま望ましくない環境になった時には
その生物は衰退するだろう．能動的であれば，環境に応じて，植物
は巧みに方針を変え，自身の繁栄に望ましいように効率良く風化に
関与するだろうが，それが難しい状況であれば衰退するであろう．

どちらにせよ，望ましい環境が繁栄をもたらすことには変わりはない．地球環境へのフィードバックの観点からは，能動・受動で大きな差はないが，風化への生物の関与の度合いという意味では，2つの点で，格段の差が生じる可能性がある．第1に，反応の向きを変えずに速度を上げる働きをもつ物質に触媒，生体内の反応の場合は酵素があるが，能動的であれば，生物は風化の「効率良く研ぎ澄まされた」触媒・酵素として働いているという見方ができると思う．また，第2に，能動的であれば，この能力を地球のいろいろな局面ですでに利用して生物が進化してきた可能性があるので，大きな広がりをもっている可能性がある．本書を読み進めていくうちに，その広がりに驚かされるかもしれない．

　しかし，実際の場において，植物による風化反応への関与が能動的か受動的かを判断するのは容易ではない．たとえ風化の程度の強弱と植物の生育との間に相関があったとしても，それは，単に植物の適応の結果である可能性はなかなか否定できない．一般的に植物は，土壌水に溶解したものを吸収すると考えられている．土壌水の成分が植物の活動に影響を受けるのは確かかもしれないが，その中に岩石の風化成分が溶解していたとしても，だからといって，それが植物の能動的な生理作用の結果といえるだろうか．私は，次節で述べるように東京農工大学へ移ってから，その土壌水の中の風化成分は植物が本当に必要としているものなのかどうか，そのために風化に働きかけているのかどうかを証明する必要があると思った．これを実験的に示すのは困難だった．たとえば，技術的に困難な実験ではあるが，土壌に欠けている養分を岩石の粉末だけが含んでいる系を用意し，その中で植物を栽培した時と，すべての養分を含んでいる土壌で栽培した時とで，岩石の粉末の溶解の程度を比較するとよいのではとか，あるいは，岩石の粉末から何か土壌水とは異なる

成分を植物が吸収していることを示すとよいのではないか，などと考えていた．

　また，必ずしもすべての植物が風化に積極的に関与している必要もないのかもしれない．大学の時によく植生の移り変わり楽しみながら，登山したものだった．それを思い出しながら，岩場だらけの山頂から下り植生の移り変わりを追うと，最初に岩石に付着するのは蘚苔類で，しばらく下ると，イネ科やカヤツリグサ科の植物が見られるようになる．未風化の岩石が多く存在している不毛な環境下で最初に進出するこのようなパイオニア的な植物が，風化を能動的に行っていて，後から入ってくる植物はパイオニアのもたらした恩恵にあずかっているだけかもしれない．関連した風化速度の研究は，大気二酸化炭素循環の陸の寄与について定量的なデータを得るために行われ，現象を記述したにすぎない．それらの研究は，風化の生物学には関心がないからである．風化が能動的に行われているかどうかを判断するには，そのために特別な実験をデザインする必要がある．私は，その実験をデザインして，風化が，ある植物によって生存戦略の一環として行われていることを何とか証明したかった．

1.5　生存戦略としての風化

　海洋化学の研究では目的を失いかけていたが，幸いに助手として隣の研究室の増田彰正先生と一緒に研究する機会を得た．増田先生は，希土類元素，同位体比という，新しいツールを用いて地球のさまざまな化学的現象についての研究を行っていた．それまで，海洋では微量元素の濃度だけ議論して行き詰まっていたが，増田先生との研究により，新鮮なツールを入手したような気になった．錆びたナイフしかもっていなかったのが，切れ味抜群のナイフを手に入

れたような感覚である. 希土類元素というのは, La から Lu まで
(2.3 節で詳述) の 14 個の微量元素からなる一群で, 互いに性質が
よく類似している. これらの元素全部の濃度を正確に測ることによ
って, 物質の起源や反応についての立体的な情報を得ることができ
る. 同位体比というのは, 性質がほとんど同じ原子核の量比のこと
である. 希土類元素や同位体比をうまく使えば, 元素がどこからき
たかについて力強い証拠が得られるのだ. この時に学んだことは,
のちの研究に役に立ち, 東京農工大学に移ってこの経験をもとに植
物による風化の問題に取り組むことができた. 風化という現象は,
ある種の植物にとっては栄養を得るための手段と捉えられるはずだ
と考えていたので, 東京農工大学農学部では作物栄養学の先生に教
わりながら, いろいろな実験をデザインすることができた.

　希土類元素を用いて植物による風化の研究を始めようと思いを
巡らせていた時, 単に植物中の希土類元素を測れば植物がどこから
希土類元素を吸収しているかわかると考えていた. 14 個の希土類
元素の存在量を並べて, これを "指紋" のように用いることによっ
て, 土壌のどこから希土類元素を取り込んだかが判別できるのでは
ないかと思ったのだ. もしも, 風化が能動的に作用するならば, 図
1.9 のように希土類元素はケイ酸鉱物から, 受動的なら土壌中の水
溶成分から取り込まれると予想した. まずシダを調べてみた. シ
ダは植物の系統樹の中では比較的初期に進化したので, 上陸したパイ
オニア的な植物として, 風化に直接的に関与している可能性がある
と考えたからだ. シダの葉の "指紋" は, 土壌の中のケイ酸塩鉱物
の "指紋" とよく一致した. 私はシダが石を食べている有力な証拠
が得られたと思い, 農業におけるケイ素の国際学会で発表した. し
かし, その後, 土壌のいろいろな成分を調べていくにつれ, これだ
けではケイ酸塩鉱物の能動的取り込みを主張するのにはまだまだ証

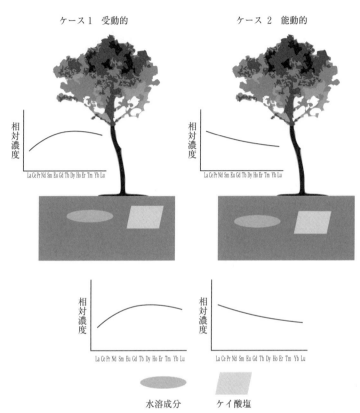

図1.9　希土類元素を指標として，植物の風化への関与を識別するプラン．植物は，受動的なら土壌中の水溶成分（楕円），能動的なら溶解前の岩石成分（平行四辺形）の"指紋"をより強く反映すると考えた．

拠不足であることがわかった．

　農業におけるケイ素の学会というのは，一体何を研究している学会だろうと思われる読者も多いと思う．米を主食とする日本は，この分野をリードしている．ファルノフスキー博士によるイネ科植物

の役割の話で紹介したように，イネの葉にも 10% 程度のケイ酸が含まれ，イネはケイ酸の濃縮種としてよく知られていた[16]．ケイ酸肥料の施肥により，稲は倒れにくく，虫の害からも逃れ，作付けもよくなることがわかり，ケイ酸を含む肥料は広く使われている．当時は，岡山大学でイネの遺伝子の中にケイ酸の運搬を担うタンパク質をつくる遺伝子情報が同定され，ケイ素はそれまでの役に立つ元素，有用元素としての位置づけから昇格し，イネにとって必須元素として認められることになった[17]．必須元素というのは，ある生物が生命活動を維持し，継続していくのに，なくてはならない元素のことである．人間の場合，20 元素が必須元素であるが，ケイ素は必須元素ではない．残念なことに，その研究グループはイネがケイ酸肥料の溶解に積極的に関与したかどうかは議論していなかった．私はイネが石を食べるかどうか，言い換えれば，積極的に風化に関与しているかどうかについて明らかにすることが，質的に重要ではないかと思っていた．

東京農工大学ではいろいろな研究をデザインしたが，どの研究も今一つだった．たとえば，玄武岩や安山岩を粉にしてメッシュの入ったナイロンの袋に詰め，水耕栽培可能な種として知られているイネ，ダイズ，トウモロコシの水耕栽培を計画した[18),19)]．玄武岩や安山岩が溶解した量は，水の成分と植物全体の量を計測すれば，間接的にわかるはずだと考えた．その際，メッシュのサイズを 2 種類用意し，1 種類は根毛が入り込めるサイズ，もう 1 種類は根毛が入り込めないサイズとし，比較実験を行った（**図 1.10**）．風化が植物の栄養戦略なら，大きなメッシュサイズの袋に入れた岩石では根毛が袋の内部に入り込み，その結果，小さなメッシュサイズの袋に入れた岩石に比べ，生育がよくなると予想される．風化が受け身であれば，両者の袋からの岩石の溶解量はほとんど変化がないはずなの

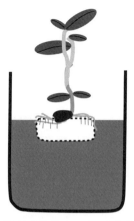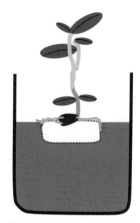

根毛のサイズ＜メッシュサイズ　　　根毛のサイズ＞メッシュサイズ

図 1.10　岩石を異なるメッシュサイズの袋に詰めた水耕栽培による，植物の風化への関与の識別プラン．片方の袋だけ根毛が内部に侵入できる．受動的なら 2 つの実験に差はなく，能動的ならば根毛の入るメッシュサイズのみの成長が速いと考えた[18]．

で，根の状態や生育に差が出ないと予想した．実験の結果，種によっては溶出量に差が確認された．水耕液に含まれる栄養分の量を変えてみると，その差はさらに顕著になったことから[20]，確かに，栄養の吸収のために植物は風化を促進させていることがわかった．しかしながら水耕栽培は，実験が種から開始でき，物質の動きを追いやすいものの，自然の中でそのような方法で育っている植物は稀である．水耕栽培では追えない成長段階で，ケイ素を必要としている可能性もある．別の方法を考える必要がある．考えてみれば，すべての種が能動的に風化に関与している必要はないではないか．ある種が能動的に風化にかかわり，その恩恵を間接的に利用する種もいるはずだ．東京農工大学で 15 年間教えたのち九州大学理学部に移ってからは，種を限定し，自然を舞台にして議論する方針に変えた．

タケの戦略[21]

　九州大学に赴任した時，福岡から妻の実家のある大牟田へ週1回通うようになった．九州自動車道で南に向かうと，竹藪が目についた．竹藪は小高い山の麓周辺にあり，山の中腹にまでに及ぶことはほとんどない．タケはイネ科に属し，ケイ酸を濃縮する種として知られている．タケの葉には，石のようなザラザラした感触がある．これはケイ酸の細かい粒の存在による．また，タケの幹の空洞には，半透明な薄い膜が張りついている．この膜は，ケイ酸を高濃度に含んでいる．このようなケイ酸は，水を吸収し，植物内部の水分量を調整するのに役立っていると考えられている．ちょうど水を含んだシリカゲルと同じで，乾燥している時に水を供給し，湿っている時に水を蓄えるのだ．虫からタケを守るのにケイ酸が役立っていると主張している人もいる．ケイ酸が混ざると石を食べているような食感を与えるので，虫にとって不味くなるのであろうか．

　同じような地質で，孟宗竹の占有率が異なる場所の水質を比較することにした．幸い適当な場所が久留米で見つかった．風化の産物は最終的にはイオンなので，風化の影響は流水の水質となって表れる．雨として水が供給され，尾根によって隔たれて谷に水が集まり，谷線に沿って水が流れる．尾根によって区切られた領域（集水域）の最も低いところに集まった水を定期時に集め（**図1.11**），水質を比較した．水質の違いは，タケの占有率を反映したものと考えられるから，タケの生理活動の影響である可能性が高い．その時，もしも，その水質が鉱物の無機的な溶解で説明できなければ，タケの何らかの選択的な，つまり能動的な溶解を意味するのではないか．この研究結果は，予想以上のものだった．タケの占有率に比例するように，流水のナトリウム濃度が高くなった．厳密にいえば，海塩の飛来によってもナトリウムは加わるが，海塩からの影響は塩

図 1.11　久留米竹林の野外観測

素によって補正できる．その影響を除いても，ナトリウムの濃度が
高くなるのである．

　ナトリウムは日本の岩石にはソウ長石にしか含まれないので，ナ
トリウムはもっぱらソウ長石に由来する．さらにソウ長石には，都
合のよい特徴がある．長石の中で，ソウ長石は最も溶解しにくく，
一方，斜長石は最も溶解しやすい．斜長石が溶解すればカルシウム
が溶出する．その地質には斜長石を含むにもかかわらず，不思議な
ことに溶解しにくいソウ長石のみが，竹藪の占有率に比例して溶解
していたのだ．その理由は，溶解の過程で生成する成分を考えると
納得できる．ソウ長石は，風化に伴いケイ酸イオンとカオリナイト

という粘土鉱物を生じるが，斜長石はカルシウムイオンとカオリナイトを生じるだけで，ケイ酸イオンが出てこない．よって，溶解しにくいソウ長石が溶解するというのは，ケイ酸を必要とするタケの生育にとってとても重要なのである．この結果は，ケイ酸を求めるためのタケによる能動的な風化を強く示唆している．驚くべきは，その風化速度の見積もりだ．1年を通じてナトリウムイオンの濃度が高く，その値から見積もると，物理的な風化速度に匹敵するほど大きいことがわかった．通常，化学的風化速度は物理的風化速度よりもずっと小さいので，物理的風化によって砕かれても，すべてが溶けるわけでなく，土砂によって流出することになる．タケの場合，化学的風化速度が物理的風化速度に匹敵するということは，ほとんどのソウ長石が流失する前に粘土になるということを意味している．ちなみにカオリナイトは磁器の原料である．九州には，著名な窯元が多くある．ひょっとしたらタケが良質な粘土の生成にかかわっているのかもしれない．

竹藪は森林と比べて，地滑りが発生しやすいといわれている．まだあまり風化していない土壌を好むタケの性質を知れば，土砂が崩れやすい山の側面に育つというのもよく理解できるし，また粘土層の生成は水を遮断し，粘土層上部の層を崩れやすくしている可能性もある．

マツの戦略[22]

フランスのアルザス地方のストラスブルグ近郊ストレンクバッハにカルシウムの欠乏した実験林があり（**図1.12**），その土壌中の希土類元素とその中の一元素であるネオジム（Nd）の同位体比は，フランスの研究者のグループによって詳しく研究されていた．ちなみにカルシウムは，ワインの生産に適した土壌には重要な成分であ

図1.12　フランスストレンクバッハの実験林

る．この近辺には地質にカルシウムが不足しているためか，ワイナ
リーはないが，数km西方にはワイナリーが並ぶ山並みがある．起
源となる物質の同位体比をそのまま反映するネオジムの同位体比
を用いて，植物の希土類元素の起源を探ることにした．その場所の
カルシウムの起源は，燐灰石（歯や骨と同じ成分），斜長石（竹藪
で述べた長石のうち溶解しやすい鉱物）とサハラ砂漠由来の黄砂中
の炭酸カルシウムである．それらの成分のネオジムの同位体比は異
なっていて，特に小さなネオジム同位体比を斜長石がもっていた．
もう1つの特徴として，燐灰石と炭酸カルシウムは溶解しやすいの
に対し，斜長石は溶けにくい．そのため，土壌水は燐灰石と炭酸カ
ルシウムに近い高いネオジム同位体比をもっている．その実験林
から，樹木，潅木，草本を採取して帰国後，ネオジムの同位体比を
測定すると，興味深い特徴があった．その中に，根の外部に菌根の
共生（**図1.13**）が確認できた種はマツ，ブナ，ハシバミの3種であ

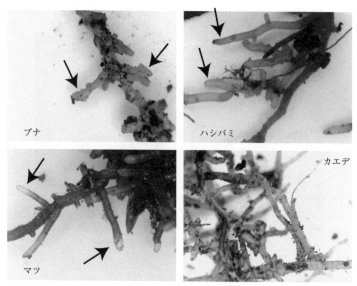

図1.13　ストレンクバッハで採取した植物の根の菌根[22].　矢印で示したのが菌根.　菌根共生種（ブナ，ハシバミ，マツ）は，菌根と共生しない種（カエデ，草本）と比べ，異なるネオジム同位体的特徴を示した.

ったが，いずれも低い同位体比を示した.　一方，根の外部に菌根と共生しない種，カエデ，イネ科の草，コケ，イラクサは，土壌水の値に近い高い値を示した.　マツ，ブナ，ハシバミはより深い根をもっているかもしれず，これは根の深さによる影響かもしれない.　しかし，その土壌はよく調べられていて，深いほど燐灰石の割合が高く，そのまま弱い酸で溶かすと高いネオジムの同位体比を示すので，根の深さでは説明ができない.　無機的に同位体比の低い斜長石を溶かすためにはかなりの強酸が必要である.　菌根はその先端より酸性物質を分泌し，鉱物を腐食することが知られている.　菌根と共生している種は，斜長石を溶かし，その中の成分を吸収していると

考えられた．根の外部についた菌根を外生菌根と呼ぶが，外生菌根は土壌に菌糸のネットワークをつくる．菌根は宿主からブドウ糖などの栄養を受けとり，代わりに欠乏した無機イオンを宿主に提供する．キノコは外生菌根のネットワークの一部で，キノコが見られる種は，宿主が菌根を利用して未風化のケイ酸塩鉱物を溶解して無機栄養を得ていると考えられる．つまり，ケイ酸塩鉱物の風化は，ある種の植物によって栄養吸収のために行われていることがわかる．

　しかし，カルシウムだけを求めるなら，マツは共生菌類を通してなぜもっと容易にカルシウムが溶出する燐灰石を溶かそうとしなかったのか，疑問が残る．共生した菌類が燐灰石を分解できるように進化していないのかもしれない，あるいは宿主が燐灰石に含まれていない成分をも求めていたのかもしれない．疑問は新たな疑問をもたらす．

　タケにせよマツにせよ，いずれの場合も生育の場において，より溶解しにくい鉱物を溶解して，その種が必要とする栄養を吸収していることが決め手になっている．もしも受動的ならば，無機的に溶けやすい成分を反映するはずだ．

　今までに見てきた植物は，植物種のほんの一部にすぎない．植物系統樹の中にはケイ酸を濃縮する種が点在していて，進化の初期段階から風化に関与し，無機成分を獲得していたことが想像できる．イネなどケイ酸を濃縮する種は直接的に，マツなどのケイ酸を濃縮しない種は菌類との共生によって間接的に，風化に関与してきたことが推測される．もっとこの研究を続けていれば，おそらく体系的に植物と風化の関係を整理でき，植物の進化について面白い洞察が得られていたかもしれない．しかし，私の興味は地球環境と生物風化との関係にあったので，頭の中はすっかり別な生物に向いていた．それは珪藻である．

② 珪藻と風化

2.1 珪藻とは何か

　珪藻は二酸化ケイ素の殻をもち，ケイ素の濃縮種として究極の生物といえる．私が珪藻に目をつけたわけは，珪藻が海洋で最も主要な光合成プランクトンであるからだ．二酸化炭素の固定という尺度でその重要性を測るならば，海洋で固定される二酸化炭素のおよそ半分，地球全体のおよそ4分の1の二酸化炭素固定を珪藻が行っている．したがって，二酸化炭素の循環に珪藻は大きく関与できるのだ．このことが頭にあり，珪藻が果たしてケイ酸塩鉱物の溶解，すなわち風化（ケイ酸塩鉱物が溶解しても，必ずしも風化ではないということがのちに示されることになるが，今の段階では溶解と風化は同義と考えることにする）に関与しているかどうか，気になって仕方がなかった．

　初めて珪藻を強く意識したのは，大学院生で研究航海に参加した時である．参加した学生は，採取した海水に対して必ず海洋観測測

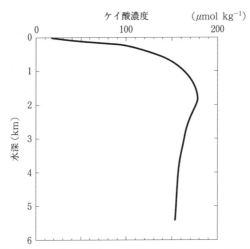

図 2.1　北太平洋でのケイ酸の鉛直分布．ケイ酸は表面で珪藻により摂取されるため，濃度が低い．表面水の濃度は全海洋の半分以上の海域で 2 μmol/kg 以下である．なお，図の海域では湧昇域（3.4 節参照）のため高くなっている．

定を分担しなければならなかった．観測測定項目は，塩分，温度，溶存酸素，栄養塩（硝酸イオン，リン酸イオン，ケイ酸イオン）等である．ケイ酸の濃度は，硝酸イオンやリン酸イオンと同様に，表面水で極端に少なくなっていた（**図 2.1**）．表面水でケイ酸を吸収したのが珪藻という植物プランクトンであるからだ．ずっと後になって，珪藻を顕微鏡下で見る機会があった．その時の感動は忘れられない．ガラス製の，精巧な模様のあしらった蓋つきの丸い宝石箱のようだった（**図 2.2**）．ケイ酸が珪藻の栄養であることが強く実感できた．

　はじめにこの興味深い生物について概観したい．珪藻についての生物学は他書，たとえば『珪藻の生物学』[23)]に譲り，ここではやや生態学的な説明に偏ることをお許しいただきたい．珪藻は，円石藻

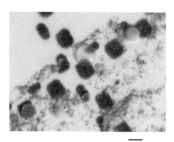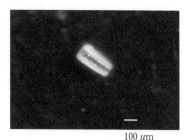

100 μm   100 μm

図 2.2 光学顕微鏡で見た珪藻（岡崎裕典博士資料提供）．ガラス質であることが実感できる．

や緑藻と並び植物プランクトンの中の 1 つの相で，生物学的な分類の目，科にまたがるが，共通の特徴としてケイ酸質の殻をもつ．珪藻は海洋にも淡水にも生息し，海水では数万もの種が知られている．形はさまざまで，大きさは通常 0.01〜0.1 mm で，大きいものは肉眼でも確認できる（**図 2.3**）．珪藻は大小の 1 対のケイ酸質の殻をもち，増殖の際には 1 個体が 1 対の殻に分かれ，それぞれの殻の内側に新しい殻がつくられ，2 個体になる．英語で diatom という珪藻の名前は，その 2 つ（dia）に分かれる（tom）性質に由来する．珪藻のケイ酸質の殻は，オパールという物質からなる．石英はオパールと同様 SiO_2 からなるが結晶質であるのに対し，オパールは水を含み，非晶質の二酸化ケイ素（オパール）である（後述するように，のちに行った研究から，珪藻の殻はオパール以外の成分が通常 1〜2 割含まれていることが明らかになる）．そのため，珪藻の殻は石英に比べると安定性に劣り，はるかに水，海水に溶けやすい．

　珪藻は，光合成により二酸化炭素を固定する．窒素，リンが必要なのは他の植物プランクトンと同じであるが，珪藻の場合はケイ素も重要な栄養素である．ケイ素（Si）は海水に主にケイ酸

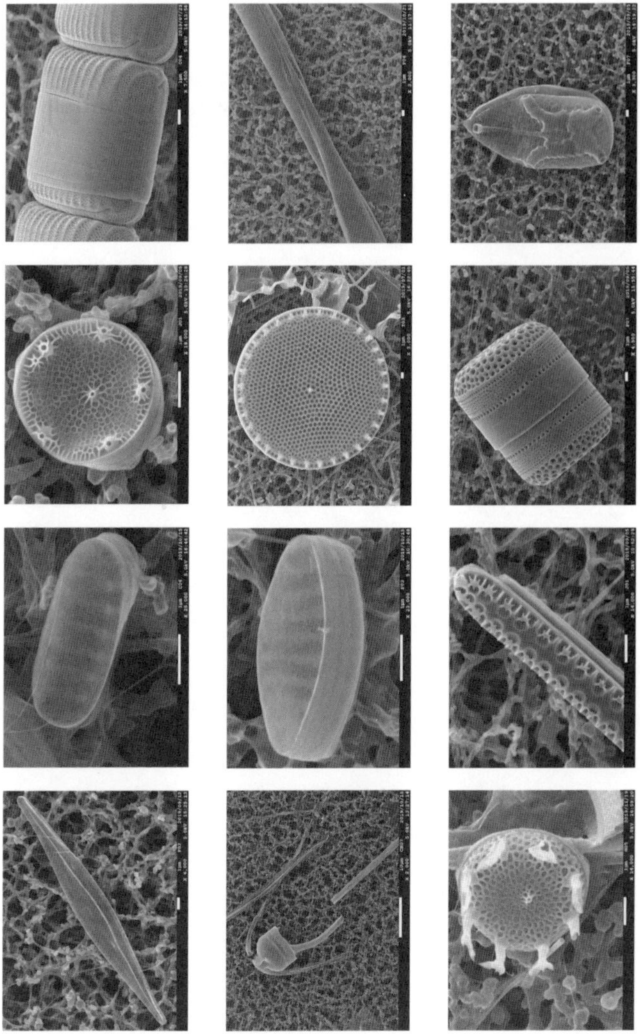

図 2.3　いろいろな珪藻の電子顕微鏡写真．ベーリング海海水試料より回収（岡崎裕典博士，山本愛佳氏提供）．

(H_4SiO_4)（**Box 5**）として溶解している．これを栄養として吸収し，ガラスの殻をつくる．珪藻は，通常の環境では，競争相手の他のプランクトンより栄養競争に強く，ケイ酸が残っている間はほぼ消費しつくすまで，繁殖する．その結果，海洋の生産は珪藻が約半分，円石藻が 30%，緑藻が 20% を担っている．

　珪藻は 1 mol のケイ素に対し，約 10 倍の 10 mol 分の二酸化炭素を有機物として固定する．炭酸カルシウムの殻をもつ円石藻が，1 mol のカルシウムに対して約 1 mol 分の炭素しか固定しないのに比べると，珪藻は炭素固定の効率に優れていることがわかる．珪藻についての最初の説明で珪藻が海洋の生産の半分を担っていると書いたが，これは海洋で生物が固定する炭素の半分は珪藻が行っていることと同じである．炭素循環を考える際，珪藻が重要であることがわかる．

Box 5　本書に登場する「ケイ」がつくもの

　ケイ素，珪藻，ケイ酸，二酸化ケイ素，ケイ酸塩など，いろいろ出てくると，化学が得意でなければ，頭が混乱する方もいると思う．ちょっと脱線して，説明したい．

・ケイ素：Si．元素の名前．地球上では，ほぼ例外なく，1 つのケイ素は 4 つの酸素と結合し，四面体ユニットとして存在する．この四面体ユニットが，後述するケイ酸の基本単位である（Box4 図）．

・珪藻：ケイ酸質の殻をもつ植物プランクトン．ケイ素と発音が似過ぎているものの，漢字にすると違いは明瞭，研究発表では苦労．

・ケイ酸：ケイ酸のユニット（Box4 図）が，単独ないし酸素を共有しつながったもの．SiO_2（ケイ酸ユニットが無限に立体的に結合した時の組成），H_4SiO_4（$Si(OH)_4$ とも記す），$H_3SiO_4^-$ など，ケイ素と酸素が結合した化合物．

・ケイ酸イオン：水に溶解したケイ酸化合物，主に H_4SiO_4，$H_3SiO_4^-$

とこれらが脱水縮合したものからなる. H_4SiO_4 は無価イオンである.

・二酸化ケイ素：SiO_2. 結晶質の石英. 非結晶質のオパールなどを含む.

・ケイ酸塩：SiO_4^{4-} に陽イオンが結合した化合物. 次のケイ酸塩鉱物もケイ酸塩.

・ケイ酸塩鉱物：SiO_4^{4-} を骨格とした鉱物, 長石, 雲母, 角閃石などほとんどの造岩鉱物が含まれる.

これらの用語の関係を, 以下に集合で示した.

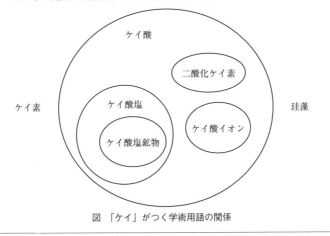

図　「ケイ」がつく学術用語の関係

Box 6　海洋の構造

海洋は, 表層と深層に分けられる. 表層の厚さは場所, 季節によっても変わり, 数十〜数百メートルである. 両層は, 温度, したがって密度も極端に変化する, 温度（密度）跳躍層によって区切られている. 図に典型的な密度の鉛直プロファイルを示す. この区切りのため, 表層と深層は互いに混ざりにくい. 五右衛門風呂を想像するとよい. 上下の 2 層に分かれ, 上だけが熱いので, 浸かる前にはしっかりとかき

混ぜなければならない．海洋の場合には，表層と深層の密度の差は千
分の一足らずにすぎないが，容積が大きいため，互いに混ざりにくい．
表層は混合層ともいわれ，鉛直に混合するのに対し，深層は主に水平
に流れる．

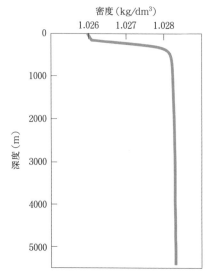

図　海洋の密度分布．海洋は，わずかに低密度の表層と高密度の深層の2つ
に分けられる．両者は密度跳躍層によって区切られている．密度は，塩分と
温度によって変わるが，密度跳躍層は主に温度の差によってつくられる．

　珪藻はおよそ1週間で寿命を終え，沈降を開始する．沈降中にほ
とんどのケイ酸殻は溶解し，海底に到達するのは1割弱である．そ
こで再び溶解し，最終的に海底に溜まるのは平均的には2%程度と
されている[24]（2.2節で後述するように，この説明には訂正が必要になる．
珪藻が海底に留まる割合は珪藻の密度すなわち生産性に依存し，通常の海
域ではほとんど表層（**Box 6**）で溶解すると考えられる）．一方，珪藻殻の

内側にある有機物は，ケイ酸の殻よりももっと速やかに溶解する．深海と表層の間にある密度跳躍層（Box 6）を超える前に，ほとんどの有機物は分解してしまう．海底にはほとんど埋没しない．珪藻の有機物は，上位の生態系にとって優良な栄養源であり，食物連鎖を支えている．その際，珪藻の有機物だけが摂取され，ケイ酸の殻は糞などに混じって分解されずに排出される．

珪藻は低温環境に適応しているので，過去の堆積物中に認められる珪藻は，古環境学の分野ではたびたび寒冷期の指標生物として使用される[25]（これについては，そんなに単純ではないと思われる．温度が低いとケイ酸殻が溶けにくく，海底まで到達しやすくなる可能性もある．後述するように，私の研究では，海洋のケイ酸濃度は大気の二酸化炭素と逆相関の関係にある時もあり，その時は確かに低二酸化炭素分圧で珪藻が繁殖しやすいこともあったが，さらに過去に遡ると，温暖期にはケイ酸は高濃度であった可能性が高く，珪藻が繁殖していたと考えられる）．

以上は本書を読み進めるために必要最低限の基礎知識であり，関連研究者が常識として理解しているところである．私の研究の成果によって多少訂正が必要になるところがあり，文章中に文字を小さくしてカッコ書きで示した．本書を読み進めながらそれらを解説していく．

2.2　素性隠しの名人，珪藻

再び私の研究の話に戻る．珪藻の殻は非晶質の含水二酸化ケイ素（オパール）であると述べたが，珪藻が石を食べた証拠をおさえるために，珪藻の殻の中にケイ素と酸素（ケイ酸）以外の元素が存在しているかを知ることが重要と考えた．特に注目した元素は，岩石に多量に含まれている陸源元素（**Box 7**）といわれる元素だ．ケイ酸が枯渇している海洋の表層では，陸の物質，たとえば石はケイ素を

主成分としているので，珪藻がこれを利用できるとメリットが大きいはずだと考えた．もちろん「石」といっても，塊の石ではなく，微少な石の粒（塵，土埃，ダスト）をイメージしていただきたい．もしも，それが実際に起こっているならば，ケイ素以外の陸源元素も珪藻の殻に混じって入っているかもしれない．これが陸源元素に注目した理由だ．また当時盛んに議論されていた，海洋生物に不足がちな鉄の海洋への供給にも関連するかもしれないなどと考えていた（**Box 8**）．

Box 7　陸源元素

　陸に特徴的に含まれ，もっぱら陸から海洋に供給される元素．具体的には，アルカリ元素，アルカリ土類元素，ケイ素，鉄に加え，アルミニウム，チタン，希土類元素など価数が +3 以上の金属元素が含まれる．マンガンなど 2 価の遷移元素は，海底の熱水活動からも供給されるため，陸源元素には含めないことが多い．

Box 8　鉄とマーティンの鉄仮説

　陸源元素の 1 つである鉄は，生物の必須元素である．第 1 章（図 1.1 参照）でも触れたように鉄は海洋では溶けにくい酸化物になり，海底に沈みやすいため，海洋に棲む生物は鉄が不足気味になっている．マーティンは，氷期において鉄の供給がプランクトンの生産を誘起し，その結果大気の二酸化炭素の濃度を下げたという鉄仮説を提唱した[26]．鉄の散布実験も行われた．氷期にダスト（陸からの風で供給される塵）の供給が増えることが観測されており，これも鉄仮説を支持する証拠の 1 つである．一方で，散布実験で撒かれた鉄は鉄の無機塩であるのに対して，ダストは溶解しにくく，現在ダストが海洋に供給されている海域で生物生産の増加が観測されていないという問題があり，鉄仮

説はまだ仮説の域を出ていないが，人気があり，根強く受け入れられ
ている（4.2 節，4 章付録を参照されたい）．

　珪藻試料を手に入れようと，東京大学の野崎義行教授に連絡した
ところ，野崎先生から九州大学の高橋孝三教授を紹介していただい
た．高橋教授はベーリング海（**Box 9**）という世界でも有数な珪藻
生産性の高い海域で，セディメントトラップというロート状の器
械（**図 2.4**）をある深さに係留し，海水中を上から落下してくる粒
子（沈降粒子）を月ごとに集めていた．これにより，ある深さの断
面を通過する粒子の量や組成を調べていた．沈降粒子の試料の組成
は，通常 4 つの成分に分けて報告されていた．4 つの成分とは，オ
パール，炭酸塩，有機物，残渣である．オパールは，珪藻殻と放散
虫の骨格に由来する．炭酸塩は，円石藻や有孔虫の殻である．有機
物は，すべてのプランクトンに含まれる有機物や，魚など大型生物
の排泄物，遺骸などを含む．残渣は，重量的にこれらで説明できな

図 2.4　セディメントトラップ装置（高橋孝三教授提供）

Box 9 深層水の循環（ブロッカーのコンベアベルト）とベーリング海

　海洋には，濃度のほとんど変動しない成分と，場所によって変動する成分がある．ケイ酸に限らず，栄養塩に分類される硝酸やリン酸などは，場所によって大きく変動する成分である．栄養塩に分類される成分は，図 2.1 のように表面で少なく，深度の増加につれ濃度も増加する．さらに，それらの海水中の濃度は北大西洋で最も低く，北太平洋で最も高くなっている．一方，濃度の変動しない成分は，アルカリ，アルカリ土類のイオン，ハロゲン元素のイオン，硫酸イオンなどで，これらは海水の特徴的な塩辛さをもたらす成分である．

　海水は密度の差によって循環している．北大西洋と南極で海水は沈み込みを開始し，北大西洋で沈み込んだ海水は南下し，南極で沈み込んだ水と合流し，インド洋を通過して，太平洋へと向かう．太平洋では北上し，最後に北太平洋で湧き上がる．この動きはゆっくりと進行し，1000 年もの歳月をかけて進む．この海洋の循環を，発見者の名前をつけて，ブロッカーのコンベアベルトと呼んでいる（**図**）．

　ベーリング海は，北太平洋のアリューシャン列島以北の部分で，世界でも有数の珪藻に富む海である．ベーリング海が珪藻に富む理由を理解するためには，このブロッカーのコンベアベルトを抜きにしては語れない．深層水は，北大西洋から沈み込み，最後に北太平洋で湧き上がる．その間，深層水は海洋表層から降り注ぐ粒子（ここで粒子とは珪藻のケイ酸殻とされていたが，私の研究により，主にダストに由来する成分であることが判明した）から溶け出したケイ酸を貯め込み，次第に高濃度になっていく．北大西洋深海では 20 μmol/kg であったケイ酸が，北太平洋深海では 180 μmol/kg にもなる．湧き上がる過程で深海に溶けている高濃度のケイ酸がベーリング海の表面にもたらされ，珪藻が活発に生育する．ベーリング海の深層水は高生産性の珪藻の殻が再び溶解し，200 μmol/kg もの高濃度になっている．

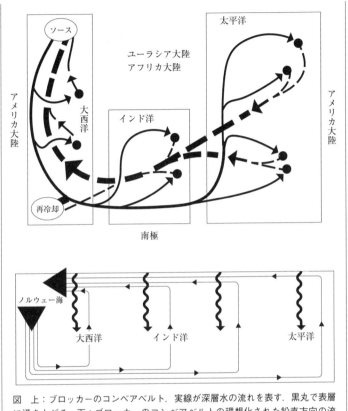

図　上：ブロッカーのコンベアベルト．実線が深層水の流れを表す．黒丸で表層に湧き上がる．下：ブロッカーのコンベアベルトの理想化された鉛直方向の流れ．波線は粒子の動きを表す[27]．

かった部分で，陸から飛来したり，河川から運ばれたりした粒子が主に入るとされている（「されている」としたのは，オパール中で不純物だけが溶け残って濃縮されたものの可能性があるからである）．オパールが1日で1平方メートルあたり0.2g程度も横切るのは，普通の海

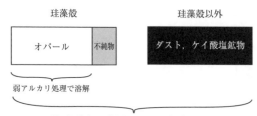

図 2.5　珪藻ケイ酸殻のグレーゾーン．ケイ酸殻に含まれる不純物はグレーゾーンに入り，化学分析が困難になる．

では滅多にないことであるが，ベーリング海では１年のうち３か月ほどある．珪藻の殻に富んだ試料を入手することができる貴重な試料だ．

　実をいうと，珪藻の殻の不純物を測ろうとするこの計画には，次に述べる化学に基づく本質的な無理があった．ダストのケイ酸塩と珪藻殻の不純物とは化学的にほとんど同じで，区別が困難なのである．図 2.5 に沿って具体的に考えてみよう．殻の不純物を測るためには，殻の成分だけを何かに溶かし出す必要がある．ケイ酸殻はオパールが主成分であるので，オパールのみを溶解する弱いアルカリ溶解法が知られている．しかし，ケイ酸殻のオパール中に陸源元素が混ざると，陸源元素のほとんどはアルカリ性では溶解しないので，この方法は使えない．かといって，強い溶解法，たとえば強アルカリ融解法を採用すると，ケイ酸殻だけでなくダストの微粒子も一緒に混じって，溶解してしまう．比重で珪藻の殻だけを取り出せるかもしれない．しかし，いくら頑張って選り分けて，ダストによく似たデータがとれたとして，このデータは珪藻の殻に含まれている不純物の濃度だと自信をもって主張できるだろうか？　主張しても，そのまま受け入れられるだろうか？　珪藻は小さく，ダストは

もっと小さい．珪藻にはダストの微粒子が隠れるように付着している可能性が指摘されたら，反論できない．まさに，研究者にとっては，「素性隠しの名人」である．

　こういう時，悩むよりはとにかく何かデータを出すことにしている．どんな問題が出るか，まずはデータを見て考えるのだ．オパール成分を含む沈降粒子試料を選び，有機物と炭酸塩を除いた部分を分析してみることにした．この中には珪藻の殻だけでなく，ケイ酸塩鉱物などケイ酸質の物質すべてが含まれると予想されるが仕方がない．後でオパールの重量比のデータと比べることによって，珪藻ケイ酸殻の成分が推定できるかもしれない．何とも楽観的なことか．しかし，この分析が苦労を経て意外な発見へとつながり，本書のテーマの重要な鍵になる．

　そうして得た値は当初の目論見のようにはいかず，散々たるものだった．横軸に，オパール＋残渣に占めるオパールの割合，縦軸に元素の濃度をとっても，全く傾向が見られなかったのだ（図2.6）．当初は，オパールの割合が大きい時にはオパールの組成を，割合が小さい時には残渣の組成をより強く反映すると期待していたので，点が斜に傾いた直線上に並んでほしかった．直線でなくても，相関が見られればよいと思っていた．解釈に行き詰まると，たびたびデータは寝かせることになる．このデータも3年も寝かせることになった．一度寝てしまったデータは，永遠の眠りにつくことが多いが，このデータは転勤を経たことで蘇ることになった．東京農工大学から，こともあろうか，この貴重な試料を提供していただいた九州大学の高橋先生と同じ教室に移ったのだ．高橋先生に会うたびに，データを寝かせていることに罪悪感を感じた．奮起して，このデータといろいろなデータとの関係を50枚ほどの図にして，1冊のミニノートに綴じ，持ち歩くことにした．その中にデー

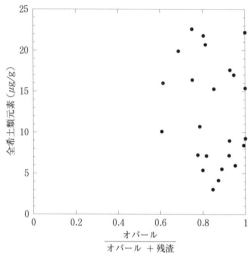

図 2.6　ケイ酸画分中の全希土類元素濃度の和とケイ酸画分中のオパールの割合との関係[28]

タがバラバラでなく，並んで見える図があった．オパールの割合でなく，1 日あたりのオパールの沈降速度を横軸にとった時だけ，測定した元素の濃度が曲線に沿って並んでいた（**図 2.7**）．これは希土類元素だけでなく，アルミニウムや鉄でも同様であった．この関係は，単に何かの不純物がオパールの成分に薄められているだけのように見えて，それ以上深く考えなかった．ならば，図 2.6 で何らかの関係が現れるはずなのに，なぜだろう．こうやって，図を眺めては堂々巡りで，時だけが過ぎてきたのだ．一度，他のことにとらわれず，この曲線がいわんとすることだけに耳を傾けよう．それから 1 週間ほど経ったある晴れた日，バス停でひらめいた．忘れられない瞬間である．一瞬ですべてが氷解した．溶解性が異なるセリウムという元素が他の希土類元素と挙動を異にする現象（これをセリウ

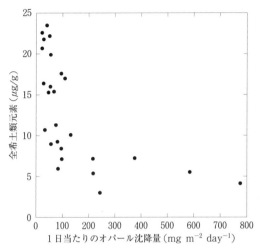

図2.7 ケイ酸画分中の全希土類元素濃度の和と1日あたりのオパールの沈降量との関係[28]

ム異常という）が，その問題の解き方を導いてくれた．詳しい理屈は省略するが，不純物である希土類元素は，オパールのみが溶解することで，相対的に高濃度になる．図2.7に表した現象は，各点のデータはもともとほとんど同じ濃度であったのが，オパールの量が多い時はオパールの溶解の程度が小さく，オパールの量が少ない時は溶解の程度が大きいことを表している．どうすればこのようなことが起こるか考えたところ，凝集体の生成が起これらいいのではないか．珪藻の生産性が高い時は大きな凝集体がつくられることによって，凝集体が早く沈むだけでなく，単位重量あたりの海水との接触も少なくなるので，オパールがあまり溶けずにそのまま沈み，元の不純物の濃度を保ったまま低濃度になる．逆に，珪藻の生産性が低いと凝集体も小さいので，ゆっくり沈むだけでなく，単位重量あたりの海水との接触も大きくなるので，オパールがほとんど溶け

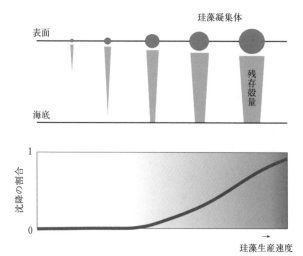

図 2.8　珪藻凝集体の溶解速度論の概念図．上図の楔形は，ケイ酸殻の量を表す．下図は，表層で生産されたケイ酸殻に対する，海底に到達できるケイ酸殻の割合を示す．生産速度が大きくなるほど，凝集体のサイズが大きくなり，全珪藻量のうち珪藻殻溶解量の占める割合が小さくなっていく．

てしまい，元の不純物の濃度が濃縮され，高濃度になる．この現象を数式で表現すると，図 2.7 の双曲線の関係をよく表現できた．実際，沈降中の珪藻を調べてみると，塊になって沈んでいることが観測されている．そこで私は，珪藻凝集体の溶解速度論という理論を提唱した[28]．これによると，珪藻の凝集体は大きくても小さくても，同じ距離を沈降すれば，同じだけ溶けるという単純な関係が導かれる[29]．**図 2.8** にその溶解の様子を概念的に表している．従来の考え方では，凝集体をつくることは念頭になかったため，常に同じ割合，たとえば 2% 程度が海底に到達するとされてきた．そうではなく，大西洋や太平洋の普通の外洋のように珪藻生産性が低いと凝集体は溶解しつくしてしまい海底に到達しないが，ベーリング海の

ように珪藻生産性がある値を過ぎると海底に到達し始め，海底に沈み始めることが予想された．実際，海洋底堆積物のデータを調べてみると，オパールが全く含まれていないものがほとんどを占め，オパールの堆積が認められる場所は一部の湧昇流が卓越し，珪藻の生産性が高い海域に限られている．なぜ，湧昇流の卓越している海域で生産性が高いかといえば，図2.1に示したように，ケイ酸を潤沢に含む深層水が珪藻の棲む表層に供給されるからである．この珪藻凝集体として溶解するという考えは，のちに展開するアイデアの重要な鍵になるので，よく心に留めておいていただければ幸いである．このバス停でのひらめきの後，2週間ほど，いろいろな仮説が頭に浮かんではそれを確認する作業が続き，毎日が充実して楽しかった．夜，行き詰まってしまい，疲れて眠っている間にアイデアが浮かぶ．すると目が覚めて，大学で論文を検索してそのアイデアの是非を確認するまでは，いてもたってもいられなくなる．1日，4時間ぐらいしか眠らなかったので，その間妻は大変心配していたが，体はいたって元気だった．

　図2.7の双曲線は，もう1つ重要なことを示しているように思える．漸近線の値がゼロに近づかず，有限の値を示していることである．もとは同じ濃度だったものが，オパールの溶解の程度の差で濃度が変わってきたと考えた．「もと」とは何だろう．この漸近値はケイ酸質として分離した部分に，オパールの量が無限になっても何らかの元素が一緒に混じっていることを示している．これこそが，求めていた珪藻殻の元素組成に違いない．珪藻の生産性が無限の時は，巨大な凝集体となって，海水に全く溶解する間もなくストンと落ちているはずだ．私の心は躍った．とうとう珪藻殻の化学的な姿が現れたかもしれない．しかし心を落ち着かせて他の考えられる解釈を検討した．このデータは，残渣成分のデータをあわせたデータ

である．残渣として，黄砂のような陸に由来する物質が一緒に混ざっているだけかもしれない．深い海水にはケイ酸が多く存在しているので，もしもそうなら，黄砂が飛来した時に風で海水が巻き上げられ，珪藻の生産が活発になり，オパールの量が大きくなった可能性がある．もしも，漸近線が本当にケイ酸殻の濃度を与えているのなら，陸源の元素はケイ酸殻の内部に認められるだろう．一方，もしも漸近線が単にオパールの量に比例して混入したものによるならば，珪藻ケイ酸殻の中に陸源元素は認められず，殻の外部のどこかに認められるだろう．このような解釈の可能性を議論するために，珪藻ケイ酸殻の電子顕微鏡下で組成観察をした．この方法では，電子線で励起した元素から出る特性 X 線を調べて元素の濃度に変える．電子顕微鏡で観察しながら元素濃度の測定ができるので，どこに元素があるかわかる．この方法の欠点は，感度が低く，% 程度まで元素が含まれていなければ測定が難しいことである．したがって，希土類元素は測ることができない．陸に由来する元素の中でケイ素，酸素の次に多いアルミニウムを測定してみた．オパールの沈降量に対して，幸いアルミニウムも図 2.7 の希土類元素と同じような双曲線を与えていたので，アルミニウムで確認できれば十分とはいえなくても，希土類元素がケイ酸殻の内部に存在することを支持するかなり強い証拠になる．その結果は，嬉しいものだった．ケイ酸の殻を表す切断面にアルミニウムがほぼ均一にきれいに存在することがわかった（**図 2.9**）[30]．この量は少なくとも % レベルである．

　まとめると，図 2.7 の双曲線は次のような過程で説明できる．もともと珪藻殻は，ケイ素以外にいろいろな元素を含んでいる．アルミニウムは 1% レベルである．珪藻殻が凝集物をつくって，沈降する．その際，溶解しやすいケイ酸は溶解していくので，他の元素は次第に濃縮されていく．ケイ酸の溶解しやすさは，珪藻凝集体のサ

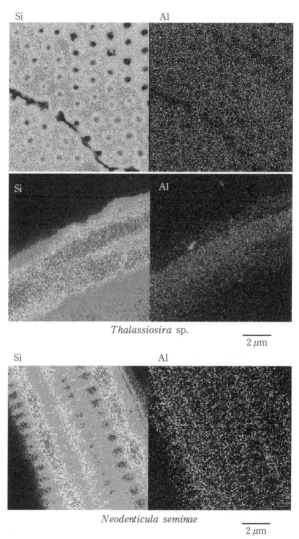

Thalassiosira sp.

2 μm

Neodenticula seminae

2 μm

図 2.9　ベーリング海で採取した沈降粒子中の珪藻殻断面の分析電子顕微鏡 (SEM-EDS) 画像[30]. アルミニウム (Al) の濃度は 0.4～1% と見積もられた.

イズによって異なり，珪藻生産性が高いと凝集体のサイズが大きくなってケイ酸はほとんど溶解せず，元の元素濃度を保つ．珪藻生産性が低いと凝集体のサイズが小さくなって，ケイ酸の溶解が無視できず，含まれていた元素の濃度は高くなる．

2.3 希土類元素で得た確信

　東京大学の助手だった時，増田彰正先生より地球の物質に見られる「14 個の希土類元素の分配則（濃度を決める法則）」を学んだ．この経験が，これから述べる考察に非常に役に立った．希土類元素とは図 2.10 のように，スカンジウム（Sc），イットリウム（Y）と 15 個のランタノイド元素（La から Lu まで）を意味するが，本書では，天然には存在しない Pm を除く La から Lu までの 14 個の元素を指す．増田先生は，14 個の希土類元素濃度の間の関係に美しい秩序があることを使って，地球の現象を見る新しい道具をつくっ

IA																	VIIIB
H	IIA											IIIB	IVB	VB	VIB	VIIB	He
Li	Be											B	C	N	O	F	Ne
Na	Mg	IIIA	IVA	VA	VIA	VIIA	┌─VIII─┐			IB	IIB	Al	Si	P	S	Cl	Ar
K	Ca	Sc	Ti	V	Cr	Mn	Fe	Co	Ni	Cu	Zn	Ga	Ge	As	Se	Br	Kr
Rb	Sr	Y	Zr	Nb	Mo	Tc	Ru	Rh	Pd	Ag	Cd	In	Sn	Sb	Te	I	Xe
Cs	Ba	La	Hf	Ta	W	Re	Os	Ir	Pt	Au	Hg	Tl	Pb	Bi	Po	At	Rn
Fr	Ra	Ac															

ランタノイド

La	Ce	Pr	Nd	Pm	Sm	Eu	Gd	Tb	Dy	Ho	Er	Tm	Yb	Lu

図 2.10　周期律表中の希土類元素

た．増田先生と出会わなければ，これから展開するような考察はできなかっただろうし，たとえできたとしても，これほどまでに強く確信できなかっただろう．ところで，希土類元素は典型的な陸源元素である．珪藻のケイ酸殻に陸源元素が入っていることに対してのさらに強い確信は，この希土類元素の濃度を用いた考察から得られた．

　考察過程を説明するこの段落は，少々専門的になるので，読み飛ばしていただいても構わない．各々の希土類元素についての漸近線から求めた希土類元素の組成を珪藻の殻の組成と仮定し，この希土類元素が珪藻の溶解とともに海水に溶け出すとして，溶けた時に予想される海水の希土類元素濃度と実際に観測される海水の希土類元素濃度との差を計算し，その差と実際の観測される濃度との比をすべての希土類元素について求めた（**図2.11**）．驚いたことに，その比は，深さによらずほぼ相似関係をもっていた[31]．つまり，Laと

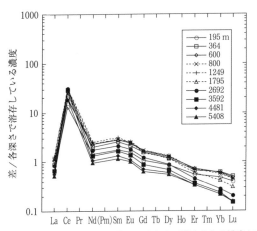

図2.11　各水深で珪藻殻が溶解した時に加わったとして推定される濃度と実際に観測される濃度の差を，実際に観測される濃度で割ったもの[28]．対数軸上で表しているため，相似関係が成り立てば線が同じ形になることに注意．右の数字は深さを示す．

いう元素について，予想値と観測値との差との比が1とすると，Ce
は30，Prは2，Ndは2.5という具合に，Sm，Eu，Gd，Tb，Dy，Ho，
Er，Tm，Yb，Luまでそれぞれがある値をもつが，相似関係が成り
立つということは，Laを2とした場合，Ceは60，Prは4，Ndは5
という具合に，すべての値が2倍になっている．この比を考えた理
由は，溶けている成分に対する吸着除去された成分の比を調べたかっ
たからである．この比は，14個の希土類元素間で深さによらず
一定の関係を保ちながら，希土類元素が除去されたことを意味して
いる．つまりどの深度でも，希土類元素を吸着除去する物質に大き
な変化がないということになる．比の相似関係は，珪藻殻の濃度を
変えると崩れてくる．私の考えが的外れで，漸近線の濃度が意味を
もっていなければ，14個の希土類元素間の相似関係がどの深度で
もきれいに成り立つのは天文学的な確率ではないか．このような考
察を根拠にして，珪藻の殻が陸に由来する元素を多く含むことに確
信を抱いた．そして，「珪藻が海洋表面の陸起源粒子を溶かし，一
部の陸起源元素を珪藻の殻に取り込む．希土類元素は珪藻の殻によ
ってのみ深海に運ばれ，そこで珪藻殻とともに溶解した希土類元素
は炭酸塩などの粒子に一部吸着する」という循環像（**図2.12a**）を
提案した．後になって，珪藻の殻が深海まで到達するのは北太平洋
に限られることに気がつくが，珪藻の殻に希土類元素が一旦取り込
まれることは，どの海域でも正しいと考えられる．

　1個の元素ではなく，14個の希土類元素を用いれば，海洋の中で
起こっている現象がより具体的に理解できるかもしれないという
期待から，1990年代より海洋の希土類元素の研究が行われるよう
になった．ところが，もちろん上記で私が発見したような珪藻の関
与は今まで全く議論されてこなかったので，具体的な証拠がないま
ま，図2.12bのようなある循環像が描かれつつあった．それは，陸

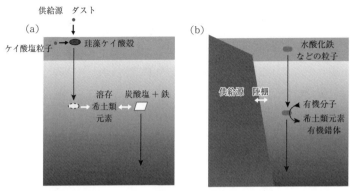

図 2.12 筆者が提案した海洋の希土類元素の循環 (a)[28),31),32)] と一般に受け入れられている希土類元素の循環 (b)[33)–35)]. a では，希土類元素は珪藻の殻に一旦取り込まれ深海に到達する．b では，珪藻の役割が組み込まれておらず，陸の周辺で活発な珪藻の役割が，陸棚の希土類元素との交換に置き換わっている．

棚で希土類元素が交換しながら，海流で運ばれ，表面で鉄酸化物に吸着し，深海で有機物と結合して溶解するというものである．私の提案した循環は希土類元素の海洋循環に物議を醸すことになるが，いまだに広くは受け入れられていない．海洋化学の世界では，冒頭の不破先生から教えていただいた鉄の沈殿による元素の除去（図 1.1 参照）や Martin の鉄仮説（Box 8）に加え，ここでも鉄の影響力は，絶大なのである．

　分析した沈降粒子がベーリング海のものであったのは，2 つの意味で幸運であった．1 つには，珪藻の殻が深海に到達できるほど珪藻生産性が高い海域であること，もう 1 つは，陸源物質が潤沢に供給される海域であったことである．ベーリング海の他に珪藻が卓越する海域に南大洋があり，南大洋はそもそも陸由来の粒子の供給がほとんどなく，珪藻の殻の Al/Si 比は 0.001 以下と非常に小さい値が報告されている[36)]．おそらく，どちらか 1 つでも成り立たなけれ

ば，同じような考察ができなかっただろう．南大洋は，実験室の培養系に近い環境といえる．しかし，このことは殻には不純物が必ずしも含まれなくてもよいことを意味していることになり，珪藻殻に不純物が含まれるという私の研究結果が受け入れにくくなるのは容易に想像がつく．

　科学の難しいところであるが，確信を深めたからといって，学術界がそれを事実として受け入れるとは限らない．今回到達した2つの確信，「珪藻が凝集体として溶解すること」と「珪藻の殻には陸に由来する元素が % 程度入っていること」は，なかなか受け入れられていない．これらの知見は，今までグレーゾーンとされてきた知見であり，決して 100% 新しいとはいえない．そのようなことを間接的に示す実験や観察は，すでに細々と発表されている．しかし実際のところ，そのようなグレーゾーン的な知見は置いてきぼりにされ，科学は進んでいく．たとえば，過去の珪藻の生産性を測る際に，海底や湖底のオパールの1年あたりの堆積量を求める．この方法では，私が問題としている2つのこと，珪藻は純粋な二酸化ケイ素であることと，殻の溶解はいつも同じ割合であることが仮定されている．その方法が広く使用されることにより，多くの科学者が純粋な殻を標準の姿だと思い込んでいるのではないか．そうして組み立てられた科学は，殻は不純物を含むことができるという知見を盛り込まないので，そのうち殻が不純物を含むという事実はあたかも否定されたかのような知見になってしまう．多くの研究者にとっては，殻に不純物が入っていてもいなくてもどうでもよいのだ．珪藻の殻の溶解についても同じことがいえる．殻が凝集体として溶けようと，単独で溶けようとどちらでもよいのである．また，そのようなグレーゾーンにある知見を認めるには，このような科学の発展の歴史の中で，他人の研究を否定しなければならないことも多く，そ

れなりの覚悟がいるのである．しかし，ここで強調したいことは，私が確信したことを否定する研究はまだないことである．

このように私の2つの知見「珪藻は凝集体として溶解すること」と「珪藻の殻には陸源元素が入っていること」は，珪藻ケイ酸殻の希土類元素の議論を通じて確信に変わった．希土類元素の地球化学は，故増田彰正先生から学んだ．その時に，各々の希土類元素の濃度を上手に用いれば，強力な結論を引き出せることを知った．希土類元素を用いた議論を極めて強力と感じたのであるが，読者の方々には専門的で難しく感じられたと思う．専門的というべきか，オタク的ともいえるかもしれない．オタク的すぎることが，希土類元素の研究の悪いところと思う．同じ希土類元素を使う科学者内では通じることが，その外ではいきなり通じなくなる．それどころか，希土類元素を用いる別のグループには通じないこともある．たとえば，今回の珪藻ケイ酸殻の中の希土類元素の存在を認めたとすると，海洋化学の希土類元素の循環についての主流の考え方には大きな訂正が必要になり，これもなかなか受け入れられないでいる．ここまでの骨子だけをまとめると，

・主流の考え方（図 2.12b）[33)-35)]：希土類元素は主に大陸周辺から供給され，海洋の酸化鉄を中心とする粒子により捕捉されて，水深1500〜2000 m で酸素濃度が減少した時に，有機錯イオンとして溶け出す．陸棚からの希土類元素の交換が主張されている．

・私の考え方（図 2.12b）[31),37)]：希土類元素は，主に海洋に供給された鉱物粒子が一旦珪藻により珪藻殻に捕捉され，それが溶け出すことによって，深海へと供給される．供給された希土類元素の一部は，元素によって異なる比率で炭酸塩や酸化鉄などの粒子に捕捉される（主流の考え方で主張されている陸棚からの希土類元素の交換

については，以下のようにして起こると考えている．大陸縁辺域で発生する湧昇や撹乱により供給された陸棚の堆積物の微細粒子が，表層で珪藻殻に一旦取り込まれる．その殻が深層で溶解することにより，希土類元素が深層水に付加される．深層では粒子への吸着除去も同時に起こっているので，あたかも交換したかのように見える）．

違いがおわかりいただけるだろうか？　本書に関連する最も重要な違いは，私の説では珪藻が海洋の希土類元素循環の出発点，言い換えれば，珪藻が陸源の物質を "食べて" いるのに対し，主流の説では珪藻の働きは盛り込まれていないことである．

2.4　エルダーフィールド教授の転身

エルダーフィールド教授（図2.13）は，ケンブリッジ大学における海洋化学の巨人で，希土類元素の海洋化学を発展させた先駆者の1人である．増田彰正先生も希土類元素の地球化学のパイオニアであったので，増田先生の弟子という立場でエルダーフィールド教授を何度か訪ねたことがあった．希土類元素についての自分の考えを携えて，ケンブリッジのエルダーフィールド教授に議論をしに行ったのである．渡航の目的は，必ずや私の考えに異議があるはずなので，それにきちんと反証し，私の考えが主流になるように促すことだ．

クイーンアンカレッジの門の前でハリー（エルダーフィールドの呼称）と会うと，ハリーの案内で話をしながら，まずは大学内の散歩を楽しんだ．妻はイギリスの伝統漂うキャンパスを味わいながら，ハリーと会話を交わしていた．余裕がなく話下手の私は，いかにうまく研究のことを話そうかということで頭はいっぱいであっ

図2.13　ケンブリッジ大学 故ヘンリー・エルダーフィールド教授

た．カレッジに属する教授達だけが開けることのできる，肖像画の
並んでいる壁が開くと，そこはあの素晴らしい食堂で，私たちは楽
しいランチをご馳走していただいた．食事が終わると，再び散策し
ながら研究室のある建物に移動し，小さな会議室へと招かれた．そ
こでピィトロフスキー博士（のちにエルダーフィールド教授に代わ
りその研究室の教授になる）や数名のポスドク，学生と一緒に議論
が始まった．おそらくまたグレーゾーンにある知見の話題に入った
と思ったのか，エルダーフィールド教授は議論の最中疲れている
ように見えた．驚いたのは，最後のエルダーフィールド教授の一言
だ．「タスクの考えは正しいかもしれない．でもその研究が氷期の

研究にどういう影響をもたらすか，タスクの考えを聞きたい」．残念ながら，その唐突な問いに対してきちんと具体例を挙げて答えることができなかった．私を強烈に痛打したのは，「希土類元素の研究はもう重要ではない．重要なのは，人類の最大の謎の1つである氷期–間氷期サイクルの研究にどういう意味を与えるかだ」というエルダーフィールド教授の言外のメッセージだった．高濃度の大気二酸化炭素の問題が深刻化しつつある時に，人類は決して後手に回ってはならない．エルダーフィールド教授は，強い気持ちで重大な任務を背負っているようだった．エルダーフィールド教授とともに妻と3人でいただいたランチは会話も弾み美味しかったが，その夜の妻との食事はエルダーフィールド教授の言葉がよぎり，なかなか喉を通らなかった．それから10年後，エルダーフィールド教授はもうお会いすることができなくなってしまった．のちに，私の得た知見が，氷期を含む炭素循環の問題を解く鍵になるとは，その時には思いもよらなかった．エルダーフィールド教授にはぜひもう一度話を聞いてほしかった．

　帰りの飛行機の中で，氷期–間氷期サイクルに連動して変化する海洋堆積物中のネオジムの同位体比（$^{143}Nd/^{144}Nd$）のデータが頭の中をぐるぐると渦巻いていた（**図 2.14**）．ネオジムは，希土類元素の1つである．世界で私だけが，ネオジムは珪藻の殻を経て海洋に供給されることを知っている．飛行機の中で私はとんでもない仮説を立てた．その仮説とは「氷期–間氷期サイクルに連動して海洋のケイ酸の濃度が変動した．海洋のケイ酸濃度が増えると珪藻の活動が変化し，海洋の希土類元素であるネオジムの同位体比に影響したのではないだろうか．大気の二酸化炭素は，珪藻の生物ポンプ（Box 10 参照）によって海洋に吸い取られた」．私の研究の原点は，生物による環境への作用を調べることだったので，この仮説は魅

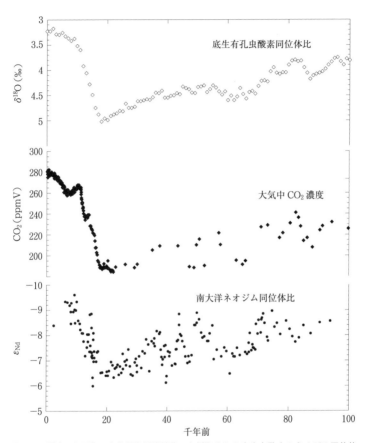

図2.14　過去10万年の南大洋海洋堆積物から採取された底生有孔虫のネオジム同位体比（ε_{Nd} 表記）[38]−[40].　ε_{Nd} は，^{143}Nd/^{144}Nd のある標準からの差を1万倍したものである（Box 14 参照）.　他の確立された変化である底生有孔虫の酸素同位体比の変化[41]（4.1節で説明する）と，南極の氷床から回収した過去の空気の二酸化炭素濃度[42],[43]をあわせて比べてある.

力的だった．仮説に矛盾するデータがあれば，さっさとこの仮説を捨ててしまおう．どうせ，素人が考える仮説なので，1ヶ月ぐらいデータを集めればすぐに否定されるだろう．帰国後，そんな気持ちでデータを集めた．

　しかし，集めても集めても，すべてのデータは仮説に驚くほど整合的だった．海洋のケイ酸の濃度の変化と大気の二酸化炭素濃度の変化には強い関連があるらしいことを示していたのである．詳しい説明は 3.1 節にて行うが，次第に自分の仮説に自信を深めていった．

　「珪藻が凝集体として溶解すること」と「珪藻の殻には陸に由来する元素が % 程度入っていること」という知見は，氷期–間氷期サイクルを主張する上で重要となりうることに気がついたものの，他の研究者が受け入れていない現状ではどうやって，氷期–間氷期サイクルに珪藻が関係しているという考えを伝えればよいのだろう．どこかの素人がたわごとを言っていると思われるのがおちだ．残念ながら，珪藻について確信したことは，他の方法でなかなか証明できない．研究者に議論を巻き起こして，他の研究者に，別の方法で確認してほしいところである．しかし，研究者がそれを別の方法で証明するためには，それなりのモチベーションが必要である．こちらが重要だと思っていても，他の研究者には重要性が直ちにわからないことが障害になるだろう．しかし，今回の私の知見は，実際の海洋での影響を解釈によって得たものであり，実験室で確認されたものとは意味が違う．確信した事実を証明する点では弱い反面，その解釈が正しければその影響はすでに見えているので，現実の対象に応用しやすいといえる．

　ともあれ，他の研究者を説得するために，別の角度から証明を目指して研究を進めていった．続いてその成果を紹介したい．

2.5　石を食べる珪藻

　漸近線と希土類元素によって得た確信は，間接的で生物学者を唸らせるものではない．生物学者は希土類元素に関心がなく，それが意味することはなかなか伝わらない．残念ながら，学問は言葉によって分断されることがあるのだ．実際に石を食べることを示す，より直接的な方法で証明する必要があった．

　1つの説得力のある方法は，石がある条件とない条件で培養実験を行い，石がある条件では，石の成分が実際に珪藻の内部に認められることを示すことである．簡単そうで意外に難しく，これには長い時間がかかった．石の代表として長石を用いて，微粉末をつくり，これを珪藻培養時に加えた．培養後，珪藻の殻を回収し，元素分析機能つきの電子顕微鏡で観測し，長石を加えない条件で育てた珪藻と比較するという方法を採用した．観測しやすいように，珪藻はできるだけ大きめのものを，国立環境研究所より入手した．長石の影響はアルミニウムの取り込みとして現れるはずなので，アルミニウムの蛍光X線の強さを測定すればよいと考えた．希土類元素を測定できればよいが，希土類元素は長石中にアルミニウムの1/1000以下しか含まれていないので，電子顕微鏡では検出できない．しかし，試料中には最初に加えた長石も混じっているので，珪藻だけを選り分けて分析できる電子顕微鏡に頼らざるを得ない．珪藻の殻を遠心分離で回収し，それを樹脂に埋め込んで研磨して観察した．その時の画像の数例を示す（図2.15）．確かに，弱いアルミニウムのX線強度が，長石を加えた時の珪藻の殻に認められた．しかし，残念なことに，長石を加えない場合にもそこそこアルミニウムが認められるのである．また，珪藻の殻が薄っぺらで，珪藻の細胞に含まれる有機物が邪魔して，強い信号が得られない．珪藻の

68

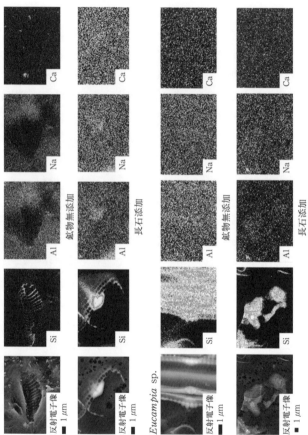

図 2.15 小型珪藻（上：*Achnanthes kuwaitensis* Hendey, 下：*Eucampia* sp.）での分析電子顕微鏡像．鉱物添加試料の方が，Si の場所に，強い Al 他の信号が認められるが，鉱物無添加試料でもうっすらと認められる（未次晶，修士論文より）．

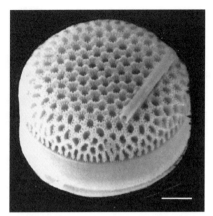

10 μm

図 2.16　アメリカより入手した大型珪藻 *Coscinodiscus* 種の電子顕微鏡写真. 大きい
ものは直径 0.1 mm で, 肉眼でも判別できる (高橋孝三教授提供).

　有機物を除くために, 過酸化水素処理を検討した. すると今度は,
珪藻殻の一部が溶解してしまい, 珪藻の殻がなかなか見つけられな
くなり, 見つかっても殻の厚みがさらに薄くなってアルミニウムの
信号も弱々しくなった.

　そうこうしているうちに, アメリカから珪藻の研究に関心をも
つ 1 人の留学生ソフィアが, 修士の学生として研究に参加した. ソ
フィアは, アメリカから大型珪藻 *Coscinodiscus* 種をもってきた
(**図 2.16**). この珪藻は, 綺麗な円形で丸いお菓子箱のような形を
し, 肉眼でも識別できた. この珪藻を用いれば, 殻も厚く計測が可
能になると期待した. しかしアルミニウムの信号は, 長石を加えて
も加えなくても同じように認められた. 今度は, 大型の珪藻なので
ガードルと呼ばれる菓子箱の側面の円筒部分に絞って測定できた.
しかし長石が存在する時のアルミニウムの強度は, 長石がない時と
比べ 1.5 倍程度だった. 統計的な解析を行うことによりなんとか議

論できるものの，力に欠ける．これでは，私の主張は生物畑の研究者に受け入れられそうになかった．

　ここで，大学院生時代に海水の微量金属元素を分析した時，アルミニウムの分析に苦労したことを思い出した．アルミニウムは生活環境中にいろいろな物質として含まれるため，微量になると分析値が揃わない元素の1つであった．研究室の中でも同様だ．窓を開ければ，アルミニウムを含む細かな土ボコリ，窓のサッシはアルミニウム製，実験で使うアルミホイル，培養を行う恒温槽にもアルミニウムが使われている．このような，環境からのアルミニウムをシャットアウトする必要があるだけでは済まなかった．培養に用いる栄養液にもアルミニウムが検出されるのである．腹を決めて，実験室のアルミニウム低減化プロジェクトに取り組んだ．しかし結果からいうと，このようにして努力しても，最後になぜかアルミニウムは入ってしまうのである．その入り方も毎回異なっていて，少ない時もあれば多い時もある．おそらく，実験全体をクリーンルームで行う必要があるのだろう．この時定年まで1年と少し，時間もない．

　珪藻培養後の長石を回収して，観測してみることにした．珪藻が長石の成分を取り込んでいるかどうかはわからなくても，少なくとも，珪藻が溶解に関与しているかどうかはわかるかもしれない．その結果は明瞭だった．今までの培養実験の結果ではなかなか白黒が判別できないことが多かったので，俄然力が湧いた．通常，鉱物を粉砕すると特徴的な形が残る．結晶特有の面が交わって，角はシャープなエッジとなる．また，面は劈開面に沿っていれば完全にフラットになるかもしれないが，沿っていない場合，劈開面を残した階段状の特徴ができる．しかし，珪藻を培養した後の鉱物は，角が丸かったり，面が車のボディーのように滑らかなカーブを描いていたのである（**図2.17**）．その倍の期間，珪藻のいない条件で海水と

珪藻培養海水

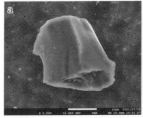 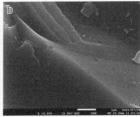

海水のみ

 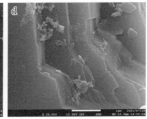

図 2.17　鉱物粒子（ソウ長石）の電子顕微鏡写真．海水中での珪藻培養 1 ヶ月後（上），珪藻なしで 2 ヶ月間海水処理後（下）．珪藻なしの時は鉱物特有の劈開面が見られる（下）のに対し，珪藻が共存すると表面が滑らかになっている（上）（Sophia Welti, 修士論文より）．

ともに放置した鉱物は，鉱物に特徴的なシャープな角，階段状の面を残していたので，先述のカーブが珪藻によるものであることは明らかである．そして，さらに詳しく調べてみると溶解が進んだ鉱物の表面は C/Si が高くなっていた．これは次に述べる TEP が関与していることを示唆していた．

2.6　不可解な有機物 TEP

　大学院生の頃，初めて航海に出て，海水の採取をした時のことである．試料を陸に持ち帰る前に，船上でろ過と酸添加処理を行わな

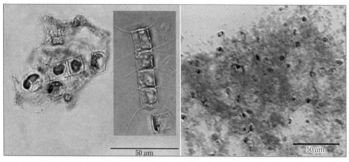

図 2.18 珪藻が分泌する透明細胞外ポリマー粒子（TEP)[44]．アルシアンブルーで青く
染色してあるため，写真に珪藻を囲むように写っている．

ければならなかった．北太平洋の海水では，表面の海水をろ過しよ
うとしたところ，普段なら 1 枚のフィルターで 500 cc は通せるとこ
ろ 100 cc ほどで通らなくなり，フィルターには粘り気のある糊の
ようなものが付着していた．これはなんだろうと思っていたが，の
ちにそれが TEP であることを知った．TEP は，正式には透明細胞
外ポリマー粒子（transparent exopolymer particles，略して TEP）
と呼ばれる，主に珪藻が分泌する多糖質の有機物のことである（図
2.18）．栄養条件が悪化すると珪藻が TEP を分泌することは知られ
ていたが，分泌する理由については依然謎に包まれていた．TEP
は光合成の産物であり，エネルギーを利用している．栄養条件が悪
化した時に苦し紛れに分泌するとしたら，なんとも不思議である．
ある日，フランスのブレスト大学のモリソー博士から 1 通のメール
が送られてきた．ブレスト大学は，珪藻や海洋ケイ酸の研究が活発
で，これらの研究の国際拠点になっていて，その 2 年前，私が珪藻
の殻は陸源元素を含んでいるということについて講演したところで
ある．そのメールには，出たばかりのモリソー博士による論文[45]が
添付されていた．論文では，TEP により珪藻土が溶かされるとい

うことを実験を通して示していた．不思議なことに，TEP は死んだばかりの珪藻の殻をほとんど溶かしていない．モリソー博士は，珪藻土にはアルミニウムが含まれていて，そこが TEP により攻撃を受けたのではないかという考えを展開していた．そして，珪藻は鉱物を溶かしているはずだと結論した私の希土類元素の論文[31]を引用してあった．

　これを読み，珪藻は陸起源の鉱物を溶解するために TEP を分泌しているに違いないと思った．TEP を分泌する理由として，コロニーをつくるためとか，微生物と共生する場をつくるためとか，諸説提案されている[46]が，どれもしっくりこない．なぜ，栄養条件が悪くなったら分泌するのか説明できない．一方，もしも鉱物を溶解し，そこからケイ酸を溶かし出すためならば，合理的だ．なぜなら，珪藻自身の活動により，ケイ酸は絶えず不足気味である．日光は燦々と注いでいるので，光合成はいくらでもできる．珪藻の増殖のために必要なのはケイ酸だ．ならば，光合成によって，ケイ酸を入手できる方法はないだろうか？　それが TEP の合成であることは想像に難くない．

　これを確かめるために証明しなければならないことは 2 つありそうだ．1 つ目は，実際に TEP が鉱物の溶解に関与していること，2 つ目は，鉱物中のケイ酸を利用していることである．

　それぞれをきちんと証明することは難しいが，観察によってこの 2 つの傍証は比較的簡単に得られた．電子顕微鏡観察によって TEP が付着した長石が見つかったこと，また TEP が付着した珪藻のケイ酸殻にアルミニウムの勾配が観測されたことであった．前に述べた溶解の跡がある長石表面の高い C/Si 比も，TEP の関与を強く示唆している．そして，鉱物の存在時にコロニーの形成が促され，ある珪藻種では，培養液中のケイ酸を消費せずに個体数が増加する現

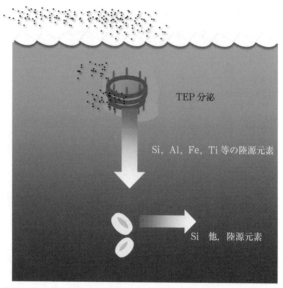

図 2.19　海洋での珪藻が関与する物質循環. 珪藻は不足しがちなケイ酸を補うために TEP を分泌して, ケイ酸塩鉱物を溶解し, ケイ酸とともに他の元素を取り込み, 一旦ケイ酸殻に固定する. 固定された元素の多くは, のちにケイ酸の溶解とともに溶出する.

象が確認された. 以上から, 間接的ではあるものの, 珪藻は, TEP を分泌して能動的に石を食べ, 海洋での多くの元素の物質循環にかかわっていることがほぼ確実になった (**図 2.19**).

　生物にとっては陸でも海でも, 石を食べるという行為はきっと普通のことなのだと思う. 地球は石でできていて, 海といえども石で縁取られているようなものだ. 石には生物にとって十分足りていて求めていない成分もあれば, 石にしかなかなかないものもある. そして, それを求めて能動的に石を食べることは, 進化上のメリットをもたらしたのではないだろうか.

　風化と石を食べるという行為は同一ではないことには注意が必要

である．珪藻の場合，石を食べても石の成分が二酸化ケイ素の中に
薄まるだけで，まだ風化は完結していない．オパールの中に石の成
分が薄まる現象は，冶金などに用いる融材の作用に似ている．鉱物
を溶かしやすくするためにたとえば炭酸ナトリウムなどを加えて強
熱すると，鉱物の成分がバラバラになって，炭酸ナトリウムの中に
一旦溶け込む．この炭酸ナトリウムの塊を酸に溶かすと，容易に鉱
物自体も溶かすことができる．こうした融材のような役割を珪藻の
オパールがしていて，オパールが溶ける時に一緒に鉱物も溶けるこ
とになるのである．ここで初めて，風化が完結する．図2.12に示
した希土類元素の深海での溶解も，このように起こったと考えられ
る．珪藻が石を食べるという行為は石を溶けやすくするので，風化
の促進に寄与すると考えられる．

2.7　海と元素循環

　陸だけでなく，海でも石を能動的に食べる生物がいることがわか
った．海洋での物質の動きは，海洋化学という学問が取り扱う．海
で石を食べる生物の存在が，海洋化学に与える影響を考えてみよ
う．

　海洋化学は，次の3つの法則が中心にある（**図2.20**）．まず①物
質は，海水に溶けているもの（溶存態）と海水に溶けないでいるも
の（粒子態）に二分できる．次に②溶けているものは流れに乗って
主に水平に移動するのに対し，溶けないでいるものは重力の影響で
鉛直に沈む．最後に③溶けているものと溶けないでいるもの間の動
きについてである．深海で溶けているものはブロッカーのコンベア
ベルト（Box 9）に乗り，1000年かけて北大西洋から北太平洋に向
かって移動する．その間，溶けていないものが，上から下に沈降す
る．その溶けていないものが溶けるものに変わったり（溶解），溶

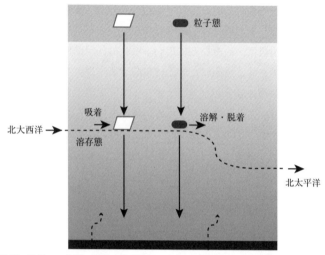

図 2.20　海洋での物質の挙動の基本法則．溶存態と粒子態では全く動きが異なる．そこに溶存態と粒子態間の移動が加わる．その他，小規模に海底からの溶出もある．

けているものが溶けないものに集められたりする（吸着）．このようなことが起こり，たとえばケイ素の場合，溶けていないものが溶けることによって，図 2.1 に示したような表層で極端に濃度が低く，深層で高濃度の鉛直分布ができることになる．そして，ベルトコンベアに運ばれながら表層から供給されたケイ素を含む粒子が溶けていき，北太平洋に向かって次第に濃度が高くなっていく．ケイ素の場合，ケイ素を含む粒子はもっぱら珪藻の殻であると考えられ，比較的理解が進んでいると思われていた（後でとんでもないドンデン返しが待ち構えている）．他の多くの元素でさまざまな分布をとるが，これらの分布の原因の理解は難しい．溶けるものに変わる時に何から溶けるのか，溶けないものになる時には何に吸着されるのか，溶けていないものはどのように沈むのかなど，いろいろなバリ

エーションが絡んでいる．実際，希土類元素の場合の主流の考えと私の考えの差異は，溶けていないものの実体と溶けているものとの関係についての理解が，いかに進んでいないかを物語っている．

　海洋化学のテキストを眺めてみると珪藻についての記述は，海洋のケイ酸イオンの分布に関連したものを除いて，ほとんどない．次章に進む前に「珪藻が能動的に石を食べる」ということがどのように海洋化学に影響をもたらす可能性があるか，説明する．

　珪藻についての次の3つの新事実の意味を考える．

A) 珪藻が陸源のケイ酸塩を溶解する．
B) 珪藻の殻に陸源のケイ酸塩の成分を蓄える．
それに加えて，
C) 珪藻は凝集体として溶解する．

　この3点は，従来の海洋化学では全く考慮されていない．A) は，海洋に供給されるケイ酸塩中の陸源元素が海洋でどうなるかは，海洋表面の珪藻によって大きく左右されることを意味している．陸源のケイ酸塩は，ダストとして供給されたり，河川からの運搬，底質からの巻き上げによって加わると考えられる．B) は，深海への陸源元素の供給として，新たに珪藻の殻が重要であることを示している．A) とB) をあわせて，海洋への多くの元素の供給は，珪藻が行っていることを示している（これが，溶けていないものの正体の1つ）．従来は，河川によって運ばれる溶解成分が重要で，河川や風によって海洋へもたらされた陸源物質から溶解した成分については，二の次だった．珪藻が，効率良く陸源のケイ酸塩粒子を分解し，一旦殻に蓄える．その後，ケイ酸塩粒子中の成分は殻の溶解とともに溶け出したり，ずっと溶けずにその殻に濃縮されたりするだろう．殻と一緒に溶け出るか，殻に残って濃縮されるかは，元素の

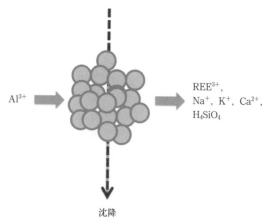

Al³⁺ → ⬤⬤⬤ →
REE³⁺,
Na⁺, K⁺, Ca²⁺,
H₄SiO₄

沈降

図 2.21　珪藻ケイ酸殻凝集体が粒子の場合の溶存態と粒子態間の元素の移動. REE³⁺ は, 希土類元素のイオンを指す.

化学的性質によって異なるであろう (**図 2.21**). たとえば, 希土類元素の場合, 殻の溶解とともに溶けるが, アルミニウムの場合殻に留まり, なかなか溶け出さず, 逆に溶解しているアルミニウムをも吸着しながら沈降する.

C) はケイ酸自体の循環に影響し, その動きは珪藻の生産性によって変わることを意味している. A) と C) は, あわせて, 海のどこで, 溶けていないものが溶けたものに変わるのかという問題に関連する (溶けていないものの動き).

ダストが海洋の表面で溶解することによるアルミニウムや希土類元素のインプットは無視できないという論文[47),48)]もあれば, 一方で, ダストは海水に無機的にほとんど溶解しないという報告[49)]もある. この現象について, 理解が進んでいなかった. 珪藻の新たな役割によって, 海洋化学が大きく書き換えられる日がやがてくると思う.

　珪藻が石を食べ，珪藻殻が沈降して最終的に溶解する過程で，石の風化が完結する．風化は，第1章で議論したように，二酸化炭素を吸収する反応であるので，珪藻は風化を通じて炭素の循環にも関係しうる．一方で，珪藻は生物ポンプによって炭素の循環にかかわっている．2.1節で見たように，珪藻は珪藻ケイ酸殻中の1 molのケイ素に対して10 molの有機炭素を蓄えている（言い換えれば，10 molの二酸化炭素を吸収できる）のに対し，珪藻を介した風化は，珪藻殻のケイ素のおよそ10%が石に由来するとして，珪藻ケイ酸殻中の1 molのケイ素に対して0.1 mol程度の二酸化炭素を吸収できるにすぎない．しかも，その際どこの二酸化炭素を吸収することになるかもピンとこない．私は，珪藻が石を食べるという活動の炭素循環に与える影響をあまり重要だとは考えてこなかった．しかし，1.3節で触れたように，基本的に逆反応が起こらない風化反応が非常に重要であることに，第3章では痛いほど思い知らされることになる．

深海の風化反応と炭素循環

3.1 ケイ酸と海洋炭素の綺麗な関係

氷期–間氷期サイクルの問題に挑戦しようと思ったのは，第2章で書いたように，海洋化学研究の巨人であるエルダーフィールド教授の研究対象が希土類元素から氷期–間氷期サイクルに移っていたことが確かに直接のきっかけだった．その時，その分野では全くのアウトサイダーだったにもかかわらずその問題に挑戦してみようと向こう見ずにも考えたわけは，珪藻が石を食べる行為を知っているのは世界で自分しかいないのだというプライドに近い思いだった．地球の生物生産の1/4を占める珪藻が，地球の二酸化炭素の循環を変える力は大きい．その珪藻について，自分しか知らないことがある．それが氷期の問題を解く秘密の鍵だったら，人類が今まで苦労しても解けるはずがないではないか．これは，まさに私の研究の原点である，生物の知らざる働きによる環境への影響を明らかにすることだ．

　エルダーフィールドに会った後，帰りの飛行機の中で「氷期の
間，海洋のケイ酸濃度が次第に高くなり，珪藻が活発になる．そ
の生物ポンプ（**Box 10**）の働きによって，大気の二酸化炭素を
より多く隔離するのではないか？」という仮説を考えていた．ケ
イ酸濃度の高い海洋ほど，珪藻がしっかりと炭素を保持してい
ることがわかればよい．そう思いながら，帰国後まず最初に，海
水中のケイ酸濃度と海水が蓄えている炭素の量との関係を調べ
ようと思った．同僚の岡崎裕典博士に相談したところ，1 時間後
にはほしい関係がグラフになっていた．岡崎博士は，珪藻の試
料でお世話になった高橋孝三教授の後任の新進気鋭の准教授で
ある．世界の研究者から集められた海洋の基本的データがデー
タベース化されていて，自由に利用できたのである．自分が学
生の頃と比較すると隔世の感である．その図は，世界中の海洋の
ケイ酸濃度と全溶存無機炭素の濃度との間で，驚くほど，きれ

Box 10　生物ポンプ

　海水が炭素を大気から吸収するプロセスには，無機ポンプ，アルカ
リポンプ，生物ポンプの 3 つが知られている．無機ポンプは海水に溶
けている二酸化炭素の圧力と空気の圧力の差によって動くポンプで，
表面海水で空気と海水間の CO_2 の交換は主に無機ポンプによる．アル
カリポンプは，次の反応を介する二酸化炭素の動きである．

$$CO_3^{2-} + CO_2 + H_2O \rightarrow 2HCO_3^-$$

最後の生物ポンプは，大気の二酸化炭素が植物プランクトンの光合成
によって一旦有機炭素として固定される過程を指す．より狭義には，
さらに有機炭素が深海に運ばれる過程までを含めることが多い．実際
に海水が蓄える無機炭素の量を決めるのは，主にアルカリポンプと生
物ポンプである．

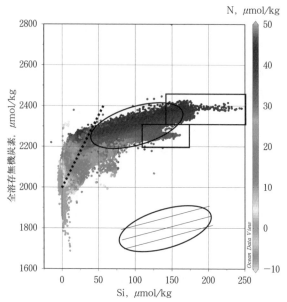

図 3.1　海洋の観測データ[50]に見られるケイ酸濃度と全溶存無機炭素との関係. コンターは溶存無機態窒素の濃度を表す. ケイ酸濃度が 50-150 μmol/kg の時（楕円の内部）, コンターは平行に並んでいることに注意. 長方形で囲んだ部分は湧昇域に相当するデータ（3.4 節）. 点線はケイ素 (Si) を含む拡張レッドフィールド比 (Box 11) に基づく Si と C との関係.　→ 口絵 1

いな直線関係を表していた（**図 3.1**）. ケイ酸が 50 μmol/kg 以上, 150 μmol/kg 以下の範囲で, この範囲は太平洋の深海のほとんどに相当する. 私は少し自信をもち, もう 1 つ用意していた鍵となる観測事実の確認をした. もしも仮説が正しいならば, 氷期から間氷期に移る退氷期には, 海洋のケイ酸濃度が低くなり, 同時に二酸化炭素濃度が上昇するはずだ. 早速, 岡崎博士に退氷期にオパールの堆積が見られているかどうかを尋ねたところ, すぐに一報の論文を紹介してくれた. その論文は, オパールの堆積量の増加と大気の二酸

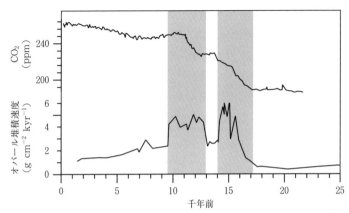

図 3.2　南大洋で観測されたオパールの堆積と大気の二酸化炭素の上昇との関係[52]．オパールの堆積速度が高い時にのみ，大気の二酸化炭素濃度が増加傾向にあったことがわかる[51]．

化炭素濃度の増加が完全に同期している図を掲載していた[51]．抜粋した図[52]を**図 3.2** に示す．オパールが堆積した時だけ大気の二酸化炭素濃度が増加していることがわかる．私の仮説と整合的だ．この時点でかなり自信を深めてしまった．

　しかし，図 3.1 のケイ酸と全溶存無機炭素濃度とのきれいな関係を珪藻の生物ポンプによるとした考えに，落とし穴が潜んでいた．その落とし穴を説明する前に，海水が溶かす炭素の化学形態について説明する．

　海水には，いろいろな形で炭素が入っている．主なものは，二酸化炭素，炭酸水素イオン，炭酸イオン，炭酸カルシウム，有機物である．そのうち，前から 3 つを炭酸と呼び，それらは後の 2 つと比べると圧倒的に多い．炭酸の 3 つの種は，化学平衡でつながれていて，pH によって規定されるある量的関係が成立しているので，炭酸システム（次節 Box 12 を参照のこと）と呼ばれている．炭酸カ

ルシウムは，円石藻，有孔虫などの殻で，比較的比重が大きく，沈みやすいが，一部が深海でゆっくりと溶解して炭酸システムに入る．有機炭素は主に，生物の未分解物や分解して溶けた分子量の比較的小さな有機物を含む．前の3つの炭酸をひっくるめて，全溶存無機炭素あるいは全炭酸と呼んでいる．全溶存無機炭素は二酸化炭素，炭酸水素イオン，炭酸イオンの濃度の和で表される．つまり，

$$\text{全溶存無機炭素} = [CO_2] + [HCO_3{}^-] + [CO_3{}^{2-}]$$

となる．図 3.1 を見ると，ケイ酸濃度が $50 \, \mu mol/kg$ 以上では，全溶存無機炭素はケイ酸濃度 (Si) に対して傾きが 0.7 の関係を示している．溶存硝酸態窒素 (N) や溶存リン酸 (P) によっても全溶存無機炭素は変化するため，図には溶存硝酸態窒素によって異なる色のコンターをつけた．同じ色だけを見ると，その関係はさらに明瞭で，ケイ酸だけで全溶存無機炭素が増えるという関係が見える．チッ素とリンとの間にはほぼ直線関係があるので，チッ素の代わりに溶存リン酸を用いても全く同じ傾きのコンターが現れる．もし，横軸に溶存リン酸を，縦軸に全溶存無機炭素をとって，ケイ酸でコンターをとっても面白い．今度は，ほぼプランクトンの平均的な組成比を表すレッドフィールド比 (**Box 11**) に沿った直線的な関係を示すが，その上端付近にケイ酸にのみ依存するコブが見える．コブのコンターに注目するとレッドフィールド比に平行に，レッドフィールドのラインに乗っかっている．このコブは小さく見えるが，実際には太平洋の全域をカバーするほど重要なコブである．やはり，チッ素やリンとは独立に，ケイ酸の増加だけに依存する全溶存無機炭素の増加があるということである．私は，この関係が珪藻による生物ポンプ (Box 10) の働き方を示しているはずだと長い間思い込んでいた．その時の私の解釈は，海洋の生物ポンプの働きは，窒素や

> **Box 11　レッドフィールド比**
>
> 　海洋のプランクトンが有する平均的な C:N:P 比で，経験的に
> C:N:P = 106:16:1 が広く採用されている．ケイ素は重要なプランク
> トンである珪藻にとって必須であるにもかかわらず，C, N, P のようにプ
> ランクトンの有機組織ではなく，殻を構成するために，他の元素と調和
> 的に振る舞わないので，定義が困難である．C:N:P:Si = 106:16:1:15
> が報告されている．これを本書では拡張レッドフィールド比と呼ぶ．
> Fe や O も比に加える場合がある．

リンに依存する有機炭素とケイ酸に依存する有機炭素があり，それ
が海洋の複雑な動きを経て総体的にこのように単純な関係になって
現れたというものである．そう解釈することによって，ケイ酸と全
無機炭素の関係が納得しやすく，氷期の二酸化炭素問題を珪藻の働
きのせいする自身の仮説に整合的だと考えたのだ．私は，図 3.1 の
示すきれいなケイ酸と全溶存無機炭素間の直線関係をすっきりと説
明できないことに気持ちの悪さを抱きつつも，この単純な関係をそ
れ以上深く考えようとしなかった．しかし，のちに論文を海外の学
術誌に投稿すると，査読者はこの単純な関係についての私の解釈を
そのまま受け入れようとしなかった．そこで，もう少し深く考えて
みることにした．

3.2　微生物による風化の発見

　炭素の循環を議論する際に，もう 1 つの有用な値がある．次式で
定義されるアルカリ度で，これは全炭酸とともに測定，報告されて
いる．

$$\text{アルカリ度} = [\text{HCO}_3^-] + 2[\text{CO}_3^{2-}]$$

有機物の酸化分解が起これば，有機炭素が二酸化炭素に変化する
だけなので，全無機炭素は増加しても，アルカリ度はほとんど変化
しない（正確にいえば，一緒に含まれる窒素とリンの影響でわずか
に減少する）．しかし観察によると，全炭酸が増加するにつれ，ア
ルカリ度も等 mol（mol で同じだけ）上昇している（**図 3.3**）ので，
私が思い込んだ「珪藻由来の有機炭素の酸化分解」，すなわち珪藻
の生物ポンプの考えでは，うまく現象を説明しないことを示してい
た．突然，目の前が真っ暗になった．図 3.1 のケイ酸と溶存無機炭
素のきれいな関係は，珪藻の生物ポンプがつくった関係ではなかっ
たのだ．しかし，もう諦めるには引き返せないくらい遠くにきてし
まっていた．はしごを外されたような気持ちになった．思い込みと
いうのは危険なものだ．他にも思い込みがあったらどうしよう．し
かし，この図には知られざる炭素循環が隠されていたのである．今
問題としている有機炭素を無機炭素に変える過程については，これ
までただ単にバクテリアなどによる従属栄養的な酸化分解と考えら
れ，ほとんど議論されていなかった．また壁に行き当たってしまっ
た．

　一体，どのようにして，こんな単純な関係ができたのだろう．助
手時代にお世話になった増田先生は，きれいな関係には何かあると
たびたび教えてくれた．前に述べた希土類元素の研究で見つけたき
れいな関係（図 2.11 参照）からスタートしてここまでやってきた
のだ．今回の図（図 3.1）は，他の研究者による何十万ものデータ
の寄せ集めだ．一つひとつのデータに戻って調べていく必要がある
のだろうか．闇中模索の状態だったので，ここから何が見つかるの
か，全く見当がつかなかった．

　このデータが示す関係は，炭酸カルシウムと珪藻殻の溶解と有機
物の酸化分解の 3 つの反応が同時並行的に進むとすれば，説明が

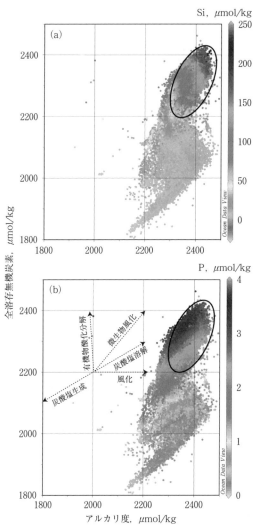

図3.3　観測データ[50]に見られるアルカリ度と全溶存無機炭素濃度との関係．上図では
ケイ酸，下図では溶存無機態リンの濃度をコンターにとった．下図のベクトルは，そ
れぞれの反応に伴う変化を表す．　→口絵2

可能である．その際，このような明瞭な直線関係が成り立つために
は，この3つの反応の進行はかなり狭い範囲で揃っていなければ
ならない．つまり1 mol の有機炭素の分解に対し，1 mol の炭酸カ
ルシウムが溶解し，1.3 mol のケイ酸殻が溶解するという具合にで
ある．しかし，これは実際には難しい．たとえば深さについていえ
ば，珪藻の殻は温度の高い浅いところほど，炭酸カルシウムの殻は
pH が低い深いところほど溶解しやすい．また，海域についても，
深海での珪藻殻の溶解は限られた海域でしか起こらないのに対し，
炭酸カルシウムの溶解は，海域によって熱力学的に規定されたある
深度を超えた，pH の低い深海ならどこでも起こる．観察された直
線関係は炭酸塩の溶解の起こらない領域のデータを含んでいて，3
つの反応が速度関係を保ちながら足並みを揃えて進行したと解釈す
るのは明らかに無理がある．

　一体どうしたらこんなにきれいな関係になるのだろう．諦めかけ
ていた時，とりあえず，ケイ素の起源として知っている岩石粒子の
風化が起こっていたらどうなるか調べてみることにした．それが図
らずとも，大当たりだった．まず，ケイ素がダストに由来している
と考えてみた．ダストは地殻の組成に近いと考えられるから，地殻
を仮定して考えると，ケイ酸の他にアルカリ元素やアルカリ土類元
素の酸化物を含んでいる．これらの元素の溶解に伴って必然的に海
水の二酸化炭素が消費され，炭酸水素イオンが生じることになる．
計算によると，その時の炭酸水素イオンの増加とケイ酸イオンの増
加の比は 0.7 となり，図 3.1 のケイ酸と溶存無機炭素のきれいな関
係の傾きと一致するではないか．胸が高鳴り始めた．しかし，この
ままでは全溶存無機炭素は変化しない．なぜなら，消費した二酸化
炭素も生じた炭酸水素イオンも，全溶存無機炭素のメンバーだから
だ．その時，二酸化炭素が有機炭素の酸化分解によって補給された

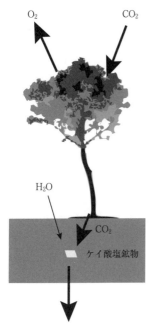
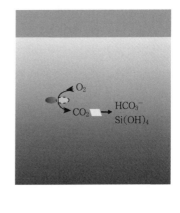

図 3.4　陸で見られる植物が介した風化と，深海で見られる微生物が介した風化のアナロジー．どちらも活動によって生じた二酸化炭素を用いてケイ酸塩鉱物の風化を行う．

らどうだろう．今まで見てきた生物による風化では，植物によりエネルギーを用いて，酸や二酸化炭素が供給され，同時に風化が促進される．これとよく似たことが，深海でも進行しているのではないか（**図 3.4**）？　有機物を酸化分解して得られた二酸化炭素を使ってダストを風化し，必要な金属元素をダストから利用しているのではないだろうか．バクテリアによる能動的風化である．実際に淡水では，底質の風化を促進する微生物が確認されている[53]．調べてみると，海底底質にも鉱物を溶解する微生物が最近報告されていた[54]．残念ながら，ダストからの鉄の溶解を念頭にした研究で，ケイ酸の

溶解についてはほとんど触れられていないものの，海水中のダストの溶解にバクテリアが関与しているという報告も見つかった[55],[56]．風化反応なら，アルカリ度の上昇が説明できる．しかも，全炭酸の増加とアルカリ度の増加は等 mol となることが予想され，観察されるアルカリ度の増加と一致する．実際には風化が先に起こって，後から有機炭素の酸化分解が起こるのか，酸化分解が起こってから風化が追従するのかわからない．しかし，このデータはこれら 2 つの反応が大方並行して起こっていることを示しているように見える．また，風化によって欠乏した二酸化炭素を補えればいいだけなので，バクテリアが風化に関与していない可能性も残る．バクテリア関与の実態については生物学により解明される必要があるのはいうまでもない．

　さらに，ダストについても，第 2 章の希土類元素についての考察から，バクテリアが風化するダストというのは，一旦珪藻の殻に取り込まれたものかもしれない．これならば，すでに珪藻が噛み砕いた（溶解し，オパールの中に薄めた）ものなので，バクテリアも簡単に風化できるだろう．風化反応を行う生物，別な言葉でいえば，石を食べる生物については，最初は陸上の一部の植物に限られていたのが，海の表面に棲む珪藻にまで及んでいることがちょうどわかったところである．今度は，休む間もなく，能動的風化が海全体のバクテリアにまで広がってしまうのだろうか．地球のほとんどは石を食べる生き物に覆われていることになる．なんてことだ．

　なぜ，ケイ酸，全溶存無機炭素，アルカリ度のデータは古くから出されていたのに，風化の考えが今まで提案されなかったのだろう．その理由は，想像ではあるが，3 つ考えられる．まず，海洋でケイ酸塩の微生物風化はつい最近まで報告されていなかったことである．今まで，風化が能動的か受動的かの区別をしていなかったの

で，ここまで風化生物が広がりを見せるとは想像できなかったのではないか．2つ目には私が行ったようなデータの表示を行った人がいなかったこと，そして最もありうる残りの1つの理由は，珪藻の殻，炭酸カルシウムの殻の溶解に加え，有機物の酸化分解の3つの反応が適当に組み合わされば，図 3.1 のケイ酸と溶存無機炭素とのきれいな関係が説明できるので，難しいと思われながら，溶解挙動は複雑なので良しとしたのではないだろうか．また，これらの成分が堆積後海底から溶解したと考えたかもしれない．実際，珪藻殻の溶解に関してだけでもいろいろな因子が議論されていて，このような全球的な挙動に当てはめる時に，細かな因子，たとえば，水温，種，共存微量元素，コロニー形成，有機物，微生物などなど，の研究が必ず邪魔をする．溶解の程度の見積もりは条件を変えるとどうにでもなってしまう．私の提案した凝集体の溶解速度論は細かな因子の積み上げではなく，現象から推定した理論である．議論をうやむやにする積み上げ方式は議論の精度の向上にはよいと思うが，最初に全体像を把握する際には適していないと思う．

　そもそも，オパールは沈降粒子を捕集する装置を用いて深層で観察されているので，深層で溶けているはずであるという批判があると想定される．しかし，計算してみると，その観測される量は小さすぎることがわかる．海洋のほとんどの海域では，オパールの沈降速度は多くても 30 mmol/m²/year 程度で，この量は，3000 m の深さの水柱に 1000 年間にわたって供給され，それが溶解した場合，10 µmol/kg 程度の上昇をもたらすにすぎないのである．実際には，1000 年間北大西洋から北太平洋まで移動する過程で 150 µmol/kg ほど上昇しているのに．この批判は当たらない．

3.3 微生物による風化を確かめる

何か風化の考えを補強するよい方法はないだろうか. 風化に関与する微生物を同定することは重要だろう. しかし, 海洋のダストは量が少ないことに加えて, 微生物による溶解自体も非常にゆっくりと 100 年以上の歳月をかけ進行する. その微生物が実際溶解する活性を検出する作業も大変そうだ. たとえ, うまくいって同定できたとしても, その活性が直ちに量的に見合うことを説明できるか疑問だ. しかしながら, 最大の障害は自身が微生物の専門家でないことに加え, 退職を控え時間がないことだ. 誰か, このようなことに関心をもって, 同定作業をしてもらうことはできないだろうか.

1つ, すぐにでも確かめることができるいい考えを思いついた. 図 3.5 に示したように, 風化によって OH^- イオンが生成し, 有機物の分解によって H^+ イオンが生まれると考えれば, 海での風化と有機物の酸化分解とのつりあいは, 海水の pH や二酸化炭素の放出や吸収にも影響しているはずである. もしも, 陸由来の岩石の風化によってケイ酸が生じるとすれば, 計算ではケイ酸 1 mol ごとに OH^- イオンが 0.7 mol 生じ, 有機物の分解によって溶存無機炭素ができるならば, 溶存無機炭素 1 mol ごとに H^+ イオンが 1 mol できる. だから pH もこの傾きと関係して変化しているはずだ. その考

有機物の分解のみ   有機物 $+ O_2 \rightarrow HCO_2^- + H^+ +$ その他 (H^+ 生成)

ダストの風化のみ   ダスト $\rightarrow$ イオン $+ H_4SiO_4 + OH^-$ (OH^- 生成)

有機物の分解とダストの風化の結合
  有機物 $+ O_2 +$ ダスト $\rightarrow$ イオン $+ H_4SiO_4 + HCO_3^- +$ その他 (H^+, OH^- 変化なし)

図 3.5 有機物の酸化分解, ダストの化学的風化, およびそれらの結合の意味

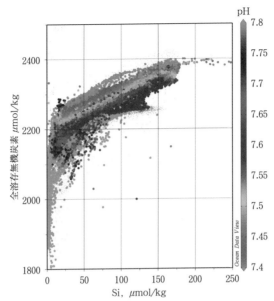

図 3.6　海洋観測データに見られるケイ酸濃度と全溶存無機炭素との関係．図 3.1 と同じ関係をここでは pH をコンターにして表した．　→ 口絵 3

えが間違っていなかったことは直ちに判明した．図 3.1 の窒素濃度のコンターを今度は pH にしたものを**図 3.6** に示した．pH は傾き 0.8-0.9 に沿っていて，上側は有機物の分解が卓越した領域なので，次第に pH が低くなり，下側は今度は風化の卓越した領域で pH が高くなっている．傾きが 0.7 よりも大きいのは，有機炭素に含まれる窒素やリンも酸化分解によって OH⁻ を消費するためである．このことは，ケイ酸が珪藻の殻などの生物オパールの溶解によりもたらされたと考えると説明がつかない．ケイ酸の起源は必ずや陸源のケイ酸塩鉱物の風化でなくてはならないことがわかる．

　少し難しいが pH の変化を定量的に議論しよう．海洋の pH は，

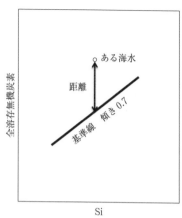

図 3.7 基準線からの距離. 基準線は「風化によってもたらされるアルカリ度の推定値」に対応しているとすれば、そこから各海水の全溶存無機炭素量データの差は、全溶存無機炭素量データとアルカリ度との差に対応していることになる.

熱力学に基づき、全溶存無機炭素量とアルカリ度の差でおおよそ決まる. おおよそといったのは、水温、圧力、塩分などにもわずかに影響されるからだ. 図 3.6 に傾き 0.7 の 1 本の基準線を設定し、そこからのズレ（距離）は風化と有機物分解のアンバランスを表しているはずである（図3.7）. その際、1 mol のケイ酸（Si）が風化によってもたらされているならば、0.7 mol のアルカリ度に相当すると仮定できるので、ズレは全溶存無機炭素量とアルカリ度の差に対応していることになる. そうしてズレの大きさから計算した pH と全溶存無機炭素量とアルカリ度の差から計算した pH が、広いズレの範囲で、ほぼ完全に一致した. この一致は、やはりケイ酸が風化起源であり、1 mol の Si の溶解が 0.7 mol の OH^- イオンをもたらしていることを定量的にも示している.

　さて、海洋の酸性化の問題をご存知の読者は多いと思う. 海洋の表面から、人間の放出した酸性のイオウや窒素の酸化物、二酸化

炭素が溶け込み，pH が低下するという問題だ．pH が低下すると，炭酸カルシウムが溶解しやすくなる（Box 12「炭酸システム」参照）ので，サンゴや貝，円石藻など炭酸カルシウムの殻をもつ生物の生存が脅かされる．また，イオウや窒素の酸化物の影響で pH が低下すると海水に溶け込む全溶存無機炭素が減少するので，大気の二酸化炭素にも影響する（Box 12「炭酸システム」図参照）．

　以前から，私自身，海水の pH，すなわち，全溶存無機炭素量とアルカリ度は，実際のところどうやって決まるのだろうと思っていた．それを理解しようとすると，有機物の酸化分解の他に炭酸カルシウムの生成や溶解が加わり，非常に難解な印象をもっていた．しかし，以上に述べた私の考察は，pH は単に，有機物の酸化分解と風化で大方決まることを示している．そこに炭酸カルシウムは登場しない．この結果に自信を得て，次に，もっと炭素循環にとって重要なことを考えてみたくなった．

　海水が蓄えることのできる炭素の全量について**図 3.8** を見ながら考えよう．ある海水が二酸化炭素を吸収するか，放出するか，判

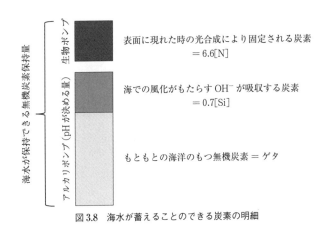

図 3.8　海水が蓄えることのできる炭素の明細

断できるかもしれない．上で述べたように，海水の pH は溶解できる基本的な全溶存無機炭素量を決定する（Box 12「炭酸システム」図）ので，極めて重要な値である．そのような海水にさらに，海水がもっている栄養に応じて，プランクトンが光合成で炭素固定を行う．固定された炭素は深海で無機酸素に変わるので，深海の全溶存無機炭素の保持量は次のような式で表されると期待できる．

深海の全溶存無機炭素保持量 ＝ pH が決める基本的全溶存無機炭素
＋ 表面に現れた時に光合成による炭素固定

これは，海洋の炭素保持量が，アルカリポンプと生物ポンプ（Box 10）の和で決まることを示している．

　風化反応でケイ酸が供給される場合，最初の pH が決める基本的全溶存無機炭素は，定数に 0.7[Si] を加えたもので表現できる．全溶存無機炭素には，もともと海水がつくられる時にもっていたゲタがあることに注意が必要だ．海水自体が長年の風化の産物なので，すでに炭酸イオンを多量に蓄えている（1.3 節を参照のこと）からである．一方の光合成による炭素固定の項については，海水がもっている窒素やリンに依存してプランクトンが光合成で炭素固定を行うが，リンと窒素はほぼレッドフィールド比（Box 11）に沿った比例関係にあるので，炭素固定量は窒素で代表する．ややくどくなったが，以上より，全溶存無機炭素保持量は次のような簡単な式で表されると期待できる．

深海の全溶存無機炭素の保持量 ＝ ゲタ ＋ 0.7[Si] ＋ 6.6[N]

上式において，[N] にかかる 6.6 という係数は，レッドフィールド比における C：N の比である．

　さらにこの式を，実際に観測される全溶存無機炭素濃度と上式で

表現される保持量とで比較すれば，二酸化炭素の放出しやすさが評価できそうである．観測される濃度の方が保持量より大きい場合には二酸化炭素が余っている状態，すなわち二酸化炭素を放出する傾向の強い海水となり，逆に観測される濃度が保持量より少ない場合，二酸化炭素が足りない，言い換えれば二酸化炭素を吸収する傾向の強い海水であることになる．

　そこで，次式によって二酸化炭素のバランス指数を定義した．

$$バランス指数 = 観測される全溶存無機炭素濃度$$
$$-深海の全溶存無機炭素の保持量$$
$$= 観測される全溶存無機炭素濃度$$
$$-(定数 + 0.7[Si] + 6.6[N])$$

この考え方が的を得ているかどうかを評価できることを期待して，地図でその分布を表してみた．そして，そのバランス指数を地図に表した．水深を変えてみたところ，水深が深いとその地図は中央値の周辺に落ち着き，バランスが比較的よくとれていたが，水深が浅く500 m付近では，中央値から大きく外れた場所があり，局所的にバランスがとれていないところがあった．試しに，その地図と海洋表面の二酸化炭素分圧の地図と比べてみた．水深500 mでのバランス指数の地図は，海洋表面の二酸化炭素分圧の地図[57]と驚くほどよく一致していた（**図3.9**）．二酸化炭素の分圧とは，海水中の二酸化炭素の量の大小を，平衡にある大気の二酸化炭素の分圧（体積濃度と等しい）で表したものである．空気中の二酸化炭素の濃度が高ければ高いほど，比例して海水に二酸化炭素が気体として溶ける．実際には，大気の二酸化炭素濃度は海洋上では大きく変わらないため，大気の二酸化炭素分圧より大きな二酸化炭素分圧をもつ海水

98

(a) 水深 500 m における海風化バランス指数

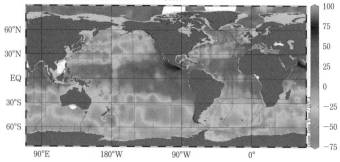

(b) 表面水の p_{CO_2}

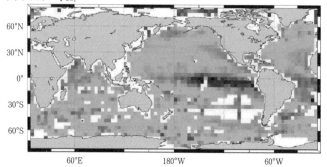

図 3.9　図 3.8 の関係を数値化して得られたバランス指数 (a) と海洋表面の二酸化炭素分圧の観測値[57](b).　→ 口絵 4

は，大気に二酸化炭素を放出し，大気の二酸化炭素分圧より小さな二酸化炭素分圧をもつ海水は，逆に大気から二酸化炭素を吸収することができる．ちなみに，深海で定義したバランス式を表面水に無理やり適用し，バランスの地図を作成すると，負一色になってしまう．全溶存無機炭素が光合成によって消費されていることによるものだが，これは当然といえる．そもそも，全溶存無機炭素–ケイ酸の直線関係（図 3.1）は，主に深海にのみ見られたものだ．図 3.1

で, ケイ酸濃度 50 μmol/kg 以下に相当する 500 m 以浅（図 2.1 を参照）のデータは直線の下方に大きく外れて分布しているので当然だ.

図 3.9 で見たバランス指数と表面水の二酸化炭素分圧（PCO$_2$）の一致は, 海風化が微生物活動によって進行していることをサポートするもので, 私にとっては非常に都合がよかったものの, 新たな悩みを生んだ. 果たして, 簡単に受け入れられるだろうか.

ブロッカーは, 溶存無機炭素の放射性炭素の測定から年齢を出して, Box 9 の図の深層循環（コンベアベルト）を突き止めた海洋化学者である. 発表からもう半世紀も経つが, ブロッカーの深層循環は海洋化学の基礎として広く受け入れられている. ブロッカーの考えでは, 全溶存無機炭素は基本的に表層で固定された新しい年代をもつ炭素の一部が酸化分解されてコンベアベルトに加わる（Box 9 の下図の波線）のに対して, 私が行き着いた考えは, 深層の流れの中で, ケイ酸とともに古い年代をもつ溶存有機炭素が酸化分解されて溶存無機炭素に加わるというものである. 私の深層微生物風化の考えが, ブロッカーのコンベアベルトにまで大きく影響することになってしまっては, ますます受け入れられないだろう. 幸いなことに, 私の考えでも海洋の年齢は 10% 程度古くなるだけで大きく影響されないことが見積もられた. 胸を撫でおろした. まだまだ抵抗が予想される. 二酸化炭素と海の問題は非常に活発に研究されている対象で, その分野の研究者が全く異なるやり方で説明しているからである. この問題は表面の二酸化炭素の濃度を決める, 海水温, 海流, 生物活動といった因子で説明されている. もちろん, 私の作成した地図は, 水温も海流も表面の生物活動も情報として含んでいない. もっと深刻なのは, 表面水と深層水の考え方の違いである. 二酸化炭素の分圧は表面の海水の観測から得た情報であり, 研究者は表面水の生物活動で説明しようとするので, 表面の情報はいわ

ば絶対的である．しかし，私の地図は水深500mという深層水上部でのバランスを表したもので，表面水の役割は無視されている．図3.9の2つの図の一致が意味することは，表面水は単に下層のバランスを，おそらく複雑な過程を経て，伝えるだけの役割しかしていないということだ．

表層は，深層に比べて水が鉛直方向に混ざりやすい．表層は長い目で見て変化のない定常状態下にあると考えれば，表面水の二酸化炭素の吸収を決めるのは，表層から下層への炭素の輸送であると考えられ，従来そういう観点から沈降粒子の測定などが精力的に行われてきた．

私の考えでは，生物の光合成による炭素固定の効果は窒素を代表とする栄養の量によって決まり，この量に依存した炭素が表面で固定され，また深層でこの比で分解されて溶解する．なので，栄養の量を変えない限り，生物の光合成による炭素固定の効果は変わらない．そこにダストが加わると，状況が変わる．ダストは生物の固定した有機物が酸化分解した際に生じる二酸化炭素を中和（図3.5）によって“消す”のだ．その結果，その海水は将来，表面に現れた時に栄養の効果だけが残り，光合成によって二酸化炭素を吸収することになる（**図3.10**右）．厳密に考えると，この過程で炭酸カルシウムの生成と溶解がかかわるかもしれないが，今までの議論で炭酸カルシウムはあまり効いていないと考えられる．

風化で“中和”できない場合には，二酸化炭素を将来放出しても，栄養によって光合成が回収してくれるので二酸化炭素出し入れはネットでゼロになる（図3.10左）．一方で風化が起こっていれば，その分結局将来二酸化炭素を吸う水となる（図3.10左）．このようにして，全溶存無機炭素とケイ酸は，ある一定の関係を保ちながら，次第に蓄積していくことになるだろう．

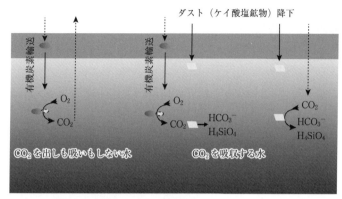

図 3.10　海洋深層への有機炭素の輸送（緑の楕円）とダスト（淡黄の平行四辺形）の風化が，将来二酸化炭素（CO_2）を吸収しない海水または吸収する海水をつくるメカニズム.

　これは考えてみれば当然にも思えてくる．海水が二酸化炭素を水の何十倍も溶かすことができるのは，そもそも海水がダストの成分を溶かしたアルカリ性だからだ（**Box 12**）．海水に二酸化炭素を保持しようと思ったら，中和されないといけない．これは常識だ．なんでこんなことを忘れていたのだろう．私たちは，知らず知らずのうちに，物事を複雑に考えていたのだ．

　図 3.1 をつくった当初は，海洋ケイ酸濃度と海洋が保持する全無機炭素濃度とを珪藻の生物ポンプを介して関連づけていたが，最後に辿り着いた微生物による風化の考えは両者がもっと直接的に関係していることを示している．深海での微生物による風化のアイデアは，私が植物による風化に関心をもっていなければ，思いつかなかったかもしれない．現在のところ，風化を担う微生物の同定という物証に欠けている．世界の研究者にこの可能性を伝えることによって，問題の微生物の同定作業が行われることを願っている．

Box 12 炭酸システム

海水においては，炭酸システムは次の反応によって H^+ に敏感に反応する．

$$CO_2 + H_2O = HCO_3^- + H^+$$

$$HCO_3^- = CO_3^{2-} + H^+$$

ある一定の条件では，海水に溶ける炭酸の 3 つの化学種の割合は，図上に示したように pH によって変化する．そして海水の pH 条件（pH7.3〜8.2）においては，HCO_3^- イオンが 90% 以上を占める主要な成分になっている．しかし，この図は重要なポイントを示していない．実際に溶解する量は，CO_2 の溶解量が pH によらず一定であるから，他の 2 つの種は pH の増加につれ，大きくなる（図下）．これが，弱アルカリ性の海水が二酸化炭素を多量に蓄える理由である．海水が弱アルカリ性になっているのは，岩石（またはダスト）の風化によって生成した成分を溶かしているからである．炭酸システムでは CO_2 の出し入れの際に pH 変化のため，厄介な問題が生じる．

たとえば

$$HCO_3^- \rightarrow CO_2 + OH^- \tag{1}$$

あるいは

$$HCO_3^- + H^+ \rightarrow CO_2 + H_2O \tag{2}$$

によって海水から CO_2 を除く時，定常的な酸の供給が必要になってしまう．さもなくば，海水はアルカリ性になって (1) の逆反応により二酸化炭素を再吸収してしまう．

また，HCO_3^- を使って光合成を行うと，CO_2 を大気から吸収しなければ，海洋の pH が上昇する．

平衡下にある炭酸システムにおいては，炭素を除く方法として次の反応が有効である．

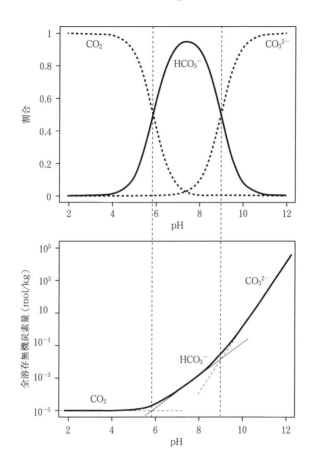

図　上：海水における溶存 CO_2，炭酸水素イオン (HCO_3^-)，炭酸イオン (CO_3^{2-})
の存在量の割合の pH 依存性．下：二酸化炭素分圧が 300 ppm の空気と平衡関
係にある時に，全溶存無機炭素量の pH 依存性．

　　海水は HCO_3^- イオンが主要な炭酸種であるので，

$$Ca^{2+} + 2HCO_3^- \rightarrow CaCO_3 \downarrow + CO_2 \uparrow + H_2O \qquad (3)$$

の反応によって，$CaCO_3$ が沈殿し，CO_2 が気体として除かれることにより，Ca^{2+} だけが減少する（この反応はすでに 1.3 節でも登場した）．海洋では Ca イオンの濃度はもともと 400 mmol 溶けていて，この反応によって大きくても 1/100 程度の濃度変化しか起こらない．この CO_2 の出し方が，3.4 節では重要になってくる．

3.4　海洋の炭素の放ち方―湧昇流の元素循環―

　以上から，海洋は二酸化炭素を蓄積する機構として，ダストの風化が重要であることがわかるが，蓄積する一方なのだろうか．図 3.9(b) を見ると，いくつかの海域で二酸化炭素分圧が高くなり，その海域から二酸化炭素が放出されている．では，どのようにして放出されているのだろうか？

　図 3.1 の観測データを見てみると，ケイ酸が 200 μmol/kg を超えるとバランスの関係は崩れ，全炭酸の増加は頭打ちになっている（図中四角の囲み上側）．この海域は北太平洋である．もっと少ないケイ酸の濃度で頭打ちになっているところ（図中四角の囲み下側）が，同じ図 3.1 の中にあることに気がつく．そこでは，ケイ酸が 120 μmol/kg を超えたところで全炭酸が頭打ちになっている．この頭打ちを示す海域は，南大洋である．両者の共通点は，湧昇流が卓越していることである．これらの海域では，ケイ酸濃度だけが増加していることを意味している．ケイ酸濃度の増加は，これらの海域では堆積物にオパールが含まれているために，海底からオパールが溶解したせいで起こっているのかもしれない．しかし，北太平洋では海底から離れるほどケイ酸の濃度は上昇傾向にあり，海底からのオパールの溶出では説明が困難である．

　ケイ酸の深層への供給は，表面海域での鉄の供給不足でたびたび

説明されている．鉄が不足した海域においては鉄が十分にある海域
に比べて，珪藻殻に多量のケイ酸が必要であることが珪藻の培養実
験によって示されている．これらの海域では，ダストによる鉄の供
給が不十分なために，珪藻の殻によってより多量のケイ酸が深海に
輸送されたという考えだ．しかし，これについて納得できる説明を
するためには，まだまだ証拠が不足している．ダストが溶解して鉄
が海水に溶け出すプロセスに疑問があるだけでなく，ダストの供給
量も北太平洋では決して少ないとはいえない．

　第2章でケイ酸殻中の不純物の濃度の変化を説明するために「珪
藻ケイ酸殻の凝集体の溶解速度論」を提唱した．これを用いると，
無理なくこの現象が説明できる．Box 9で述べたように，深海の海
水は比較的高いケイ酸濃度をもっていて（図2.1参照），湧昇によ
って表面海水にケイ酸が供給されると珪藻の生産性が著しく増加
する．すると，珪藻は大きな凝集物を形成し，その分，溶解が制限
され，より下層へと沈降することができる．そうして下層へと運ば
れた凝集物は深層で溶解し，深層水のケイ酸塩濃度が上昇する．一
方，珪藻自身の有機物は分解が早く，より多くの量が表層で溶解す
る．そのため，深層では全溶存無機炭素に対してケイ酸の濃度がよ
り多く増加し，図3.1で頭打ちを示していると考えた．ケイ酸の供
給源に注目すると，通常の海域ではケイ酸塩鉱物の風化が供給源に
なっているのに対し，湧昇域では上層からの珪藻の殻が供給源にな
っているという違いがあることになる．

　次に，全溶存無機炭素の動きに着目する．溶存無機炭素は，湧昇
域に入る前はケイ酸に比例して増加する量比関係が成り立ってい
た．しかし，湧昇域の下層ではケイ酸だけが多く付け加わっている
ので，溶存無機炭素は表層に留まっていると解釈できる．溶存無機
炭素はもちろん生物活動の輪に入り，光合成で固定されたり，分解

されたりするであろう．そして一部の有機物は深層へと供給される．しかし，全溶存無機炭素の頭打ちが意味することは，溶存無機炭素はどこかに消えて深層への供給が少なく抑えられているか，形を変えて有機炭素の形で移動しているかのどちらかである．しかし，私たちはベーリング海においても珪藻由来の有機炭素はすでに大部分分解していることを示した[58]．ならば，湧昇流に乗って供給され続ける炭酸は，どこに行くことになるのであろうか．逃げ場がなければ，炭酸は無限に溜まっていかなければならない．幸い，炭酸は次の反応によって，二酸化炭素として大気に逃げることができる．

$$Ca^{2+} + 2HCO_3^- \rightarrow CaCO_3 \downarrow + CO_2 \uparrow + H_2O$$

この反応では，反応後水だけが残り，海水側に影響をほとんど残さず（Box 12）溶存無機炭素を消滅することができる．こうして，定常的な湧昇域から海水の pH を変えずに二酸化炭素が放出されることが予想できる．実際，湧昇域では，オパールとともに炭酸カルシウムの沈降がたびたび認められる（深海では，炭酸カルシウムは多くの海域で未飽和であり溶解するため，堆積物には通常オパールしか残らない）．

　もう一度，図 3.9 を見てほしい．確かに湧昇域の北太平洋と南大洋では，観測では二酸化炭素を放出している（図 3.9b）．図 3.9a のバランス指数では，ケイ酸が多いので二酸化炭素を吸収する色になっているが，この差はケイ酸の起源で説明される．これは先に述べたように風化に由来するのではなく，珪藻の殻の溶解に由来するので，二酸化炭素の欠乏が起こらない．図 3.1 で頭打ちを示す湧昇域では，バランスの考え方は適用できないのだ．

　他の栄養はどうだろう．生物に固定された窒素やリンは，有機炭

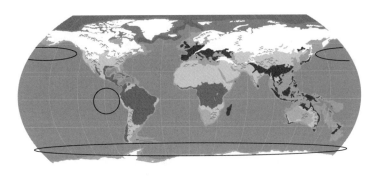

図 3.11　高栄養塩低クロロフィル (HNLC) 海域. 楕円で囲んだ海域 図 3.9b と比べると，この海域から二酸化炭素が放出されていることがわかる.

素とほぼ同じように分解される. しかし，有機炭素は先に述べたように分解後二酸化炭素として逃げることができるのに対し，窒素やリンは適当な気体に変わることができず，逃げ場がない. 逃げ場がないので濃度は高くなってしまい，表層を伝って水平に広がるであろう. 実際，これらの海域は高栄養低クロロフィル海域 (HNLC) として知られている（**図 3.11**）. 湧昇域周辺に見られることがわかる. HNLC 海域では，なぜか栄養が余って，栄養に見合った生物活動が起きていない海域として，海域の生成が謎であった. こうしてみると，生物が光合成活動できる以上に，栄養が供給過多になってしまっていると考えられる. これで，HNLC 海域の形成が定性的ではあるが説明できそうである（**図 3.12**）.

　以上より，図 3.1 の 1 枚の図は，海洋において，無機炭素の蓄積は，風化により広く緩やかに，その放出は，主に湧昇域で集中的に行われていることを語っていて，この語りを読み解いたことが，次に述べる氷期–間氷期において炭素の動きを知る鍵になる.

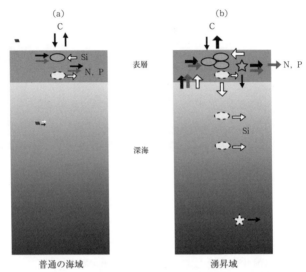

図 3.12 普通の海域 (a) と湧昇域 (b) との C（黒），Si（白），N, P（灰）の動きの比較．平行四辺形はダスト，実線の楕円は生きた珪藻，破線の楕円は珪藻ケイ酸殻，実線の星は生きた円石藻，破線の星は円石藻の殻を示す．普通の海域では，表層と深層とは分離されていて，表層だけでこれらの元素の収支はつりあい，深層では，ダストの微生物風化により C と Si が付け加わる．深層から表層に C, Si, N, P が供給される湧昇域では，N, P は表層に留まるが，C は炭酸カルシウムの沈降を伴い一部大気に，Si は珪藻凝集体形成による溶解速度の低下により深層に移行する．

風化と氷河期

4.1 氷河期の地球

早速，図 4.1 を見ていただきたい．これは，地球に残された氷期–間氷期サイクルの信号の記録の中で最も重要な記録，海洋底から回収した底生有孔虫の酸素同位体比[41]である．なぜ最も重要かといえば，酸素同位体比の変動は，数ある代理指標の中で地球の氷の量の変動を最も直接的に反映していると考えられているからである（**Box 13**）．酸素同位体比は，$\delta^{18}O$ で表してある（**Box 14** にその定義を説明した）．周期的な変動が記録されているが，今から 270 万年前を境にその振幅が次第に大きくなっていることがわかる．270 万年を境に地球は氷期–間氷期サイクルに入った．振幅の増大につれ，周期も増加し，最初は 4 万年周期が卓越していたのに対して，120 万年前に周期が変化し（中期更新世遷移と呼ばれている），100 万年前以降は 10 万年周期が顕著である．

110

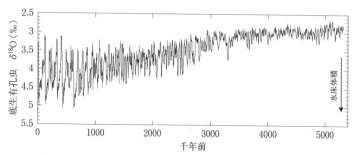

図 4.1　過去 500 万年の底生有孔虫の酸素同位体比の記録[41]．δ^{18}O は，[18]O/[16]O のある標準からの差を 1000 倍したものである (Box 14)．

Box 13　底生有孔虫の酸素同位体比

　酸素には，質量数 16, 17, 18 の 3 つの安定同位体がある．よく見かける酸素同位体比は，質量数 18 と質量数 16 の原子の数の比を指す．有孔虫は，炭酸カルシウムの殻をもっている．そして，炭酸カルシウムの酸素同位体比は水の酸素の同位体比を反映して変化するが，水温によっても変化する．深海の海底の温度変化は小さいので，深海に棲む底生有孔虫の殻の同位体比の変化は，水の同位体比の変化のみを強く反映する．さて，海から蒸発した水蒸気は，雨を降らせていく過程で，質量の異なる同位体の若干の物理化学的性質の違い（同位体効果という）から次第に [18]O の少ない水蒸気になっていく．南極で降る雪は最も低温で凝結するため，[18]O の非常に枯渇した雪が南極の氷になる．南極の雪氷の量が増えるほど，反対に地球表層を循環する水に [18]O が溜まっていき，海水の水は [18]O に富んだ水になる．底生有孔虫の酸素同位体比は，そのような海水の酸素同位体比を記録している．

　氷期–間氷期サイクルが地球に出現してからの 270 万年という長さは，地球の 45 億年の歴史の 1000 分の 1 にも満たないが，私たちの 2000 年の歴史と比べると，その 1000 倍以上の気の遠くなるよ

Box 14　同位体比の表記法

　地球化学では，同位体比は δ 表記という表記法で同位体比の変化を 1000 倍に拡大して表される．たとえば，炭素の場合，次の式のように定義される．ここで標準 standard は海洋の炭酸カルシウムとして，ある地層の矢石を用いることが国際的に決められている．
この表記法により，

$$\delta^{13}\mathrm{C}\,(\permil) = \left[\left(\frac{^{13}\mathrm{C}}{^{12}\mathrm{C}} \right)_{sample} \middle/ \left(\frac{^{13}\mathrm{C}}{^{12}\mathrm{C}} \right)_{standard} - 1 \right] \times 1000$$

と表される．$^{13}\mathrm{C}/^{12}\mathrm{C}$ は炭素同位体比である．水素の場合 $^2\mathrm{H}/^1\mathrm{H}$，窒素の場合 $^{15}\mathrm{N}/^{14}\mathrm{N}$，酸素の場合 $^{18}\mathrm{O}/^{16}\mathrm{O}$ が入る．δ 値は，標準に対し質量数が大きな（重い）同位体が多い場合には正に，少ない場合には負になる．

　2.4 節に登場し，本章でも扱うネオジムの場合には，$^{143}\mathrm{Nd}/^{144}\mathrm{Nd}$ の変化がさらに小さく，ε 表記により変化を 10000 倍して表す．すなわち，

$$\epsilon_{\mathrm{Nd}} = \left[\left(\frac{^{143}\mathrm{Nd}}{^{144}\mathrm{Nd}} \right)_{sample} \middle/ \left(\frac{^{143}\mathrm{Nd}}{^{144}\mathrm{Nd}} \right)_{standard} - 1 \right] \times 10000$$

となる．ネオジムの場合，質量数の軽い $^{143}\mathrm{Nd}$ が分子になっているのは，同位体比の変化の原因が同位体効果ではなく，放射壊変（$^{143}\mathrm{Nd}$ が $^{147}\mathrm{Sm}$ の放射壊変の娘各種）に起因するからである．

うな長さにも思われる．しかし，私たち人類，ホモ属が出現したのは，氷期–間氷期サイクルが地球に出現した頃とほぼ同じ 250 万年前で，今地球を席巻しているホモサピエンスは，30 万年前に現れた．氷期–間氷期サイクルが人類の進化に関与したかどうかはわからないが，氷期–間氷期サイクルの地球が人類の舞台であったのは

事実である．ホモ属は幾度も氷期-間氷期サイクルを経験し，氷期は次第に厳しさを増していった．ますます厳しさを増した環境変動が，ホモ属から適応力の優れるホモサピエンスへの進化の加速に影響したのかもしれない．

1万2000年前まで続く最後の氷期を最終氷期，そして最も氷の量の多い2万年前を最終氷期極大期と呼び，その当時の地球の状態は，最もよく研究されている．地球全体では，今より気温が4℃程度低く，さらに極域では10℃程度低くなっていたと考えられている．海洋の水のかなりの量が氷として陸を覆い，厚いところでは数km以上の氷が覆っていた．最終氷期には北米，ヨーロッパではフランス北部まで氷河が到達していた．その証拠は，氷河に特有な地形や痕跡として残っている．イギリス南部には，スウェーデンに起源をもつ迷子石という，氷河が運んだ長さ3mにも及ぶ石がある．海水の水が氷河として両極に集まったので，海水準にも大きな変化があり，最終氷期には120mも海水位が低下した[59]．このような大規模な環境変動が，この100万年間で8回繰り返された．氷河の形成を示す証拠は多く，そのような時代があったことは疑えない．

地球の海洋底には，この変動と同期したさまざまな変動が記録されている．これについては後で紹介する私のモデルと照らし合わせて説明する（やや専門的になってしまうので本章の後の付録で詳しく取り上げる）．また，南極やグリーンランドには氷床が残っている．南極では氷河を掘っていくと過去80万年までの氷柱試料（アイスコア）を採取することができるが，図4.2に示したように，氷を構成する水素の同位体比[60]も底生有孔虫の酸素同位体比と同じような変動を示している．南極だけでなく，グリーンランドでも，よく似た変動を示している．氷床の水素の同位体比は，主に水蒸気が凝結して氷になる時の温度を反

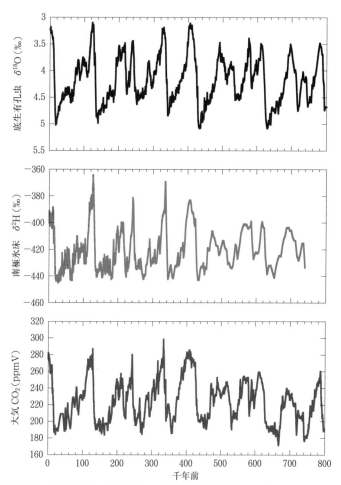

図 4.2　過去 80 万年間の底生有孔虫の酸素同位体比[41]（上），氷床コアに記録された水素同位体比[61]（中）と大気中二酸化炭素濃度[42),43)]（下）の変化

映しているので（**Box 15**），極域の気温変化が地球全体の氷の量に連動して変化していることがわかる．さらに，この氷に挟ま

114

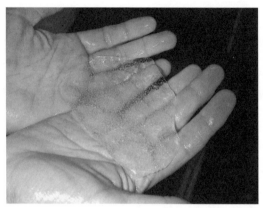

図 4.3　南極の氷. 英国地質調査所にて. 気泡から当時の空気に関する情報が得られる.

Box 15　氷床コアの水素同位体比

　水素には, 質量数 1 と質量数 2 の安定同位体がある. 水素同位体比は, 質量数 2 と質量数 1 の同位体の原子数比を指す. 酸素と同様に水素も, 海から蒸発した水蒸気から雨を降らせていく過程で, 同位体効果により ^2H の少ない水蒸気になっていく. 低温の空気であるほど, 大気に溶ける水蒸気は少なく, その分雨を多く降らせた後の水蒸気であるので, ^2H は少なくなる. よって, 南極の氷床コアの水素同位体比から南極の気温変化が復元できる.

ったまま残された空気 (図 4.3) から過去の空気の成分を分析すると, 二酸化炭素がやはり同期した変動を示している[42),43)]. 二酸化炭素濃度に注目すると, 間氷期にはおよそ 280 ppm, 氷期の極大相には 180 ppm まで低下している (図 4.2). そう, 現在温室効果ガスとしてその濃度の増加が問題になっている二酸化炭素である. 次の第 5 章では, 二酸化炭素濃度が議論の焦点になる. 図 4.4 に, 最

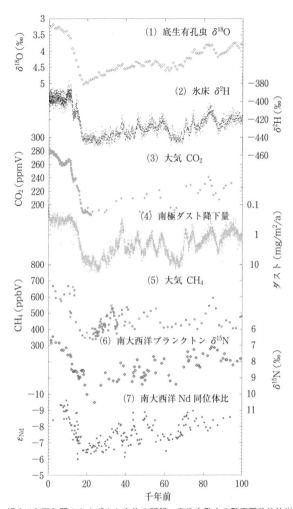

図 4.4　過去 10 万年間のさまざまな変化の記録．底生有孔虫の酸素同位体比[41]，氷床コアから読みとった水素同位体比[61]と空気中二酸化炭素濃度の変化[42),43)]に加え，氷床コアの混ざるダスト量[62]，空気中メタン濃度[42]，海底堆積物の窒素同位体比[63]，ネオジム同位体比[38)-40)]などもよく対応して変化している．

近 10 万年の変動をまとめて示した. 氷, 海底などから, 同期した
さまざまな変動の記録が見つかっている. 海底堆積物, 南極の氷と
データの出処が全く異なっていても, その変動が驚くほどよく同期
していることは, 地球規模で大きな環境の変動が起こっていたこと
を物語っている.

要するに, 地球の表層の環境が過去 270 万年の間, 何度も繰り返
し変化したというのは, 多くのデータの明白な連動関係によって,
強く証明されている. これほどまでに確実性の高いデータは, 地球
環境史の中では他にないといってもよいぐらいだ. こんなに確実
な事実ではあるが, 冒頭で述べたように, そのメカニズムについて
は, 残念ながら, 現象をすべて説明できる説はなく, まだ全容は未
解明といえる. これについてはこの後すぐに解説する.

現在, もしも, 人間活動の影響がなかったら, 大気の二酸化炭
素濃度は間氷期の値に相当する 280 ppm 程度であったはずなのに,
人間の化石燃料の消費により, 大気の二酸化炭素濃度がすでに 400
ppm を超えてしまった. 一方で, つい最近まで自然の二酸化炭素
濃度は 180 ppm から 280 ppm の間を行ったり来たりしていた. 自
然には, あたかも二酸化炭素濃度の下限と上限に切り替えスイッチ
があるように見える. サーモスタットのような制御装置があるのだ
ろうか? 我々人間は, その制御装置に頼ることはできないのだろ
うか? あるいは, 考えたくはないが, その制御装置をいつの間に
か壊してしまっていることはないのだろうか?

4.2 氷河期の謎

氷河期は, たびたび地球規模で起こったもう 1 つのイベントと対
比して語られる. 6500 万年も昔の隕石衝突による恐竜の絶滅につ
いては, 科学の力によってその原因を探り当てた. ところが, 今な

お経験中である氷期–間氷期サイクルについては，その原因はまだ釈然としないままになっている．氷期–間氷期のメカニズムについて，さまざまな仮説が提唱されたが，その多くは証拠が不十分として否定された．その中で，現在生き残り，科学者に最も広く受け入れられている仮説を紹介する．

ミランコビッチサイクル + 氷床リバウンド仮説[64)-66)]

図 4.1 に表された氷期–間氷期サイクルの信号を周波数解析を行うと，主に 3 つの周期，およそ 2 万年，4 万年，10 万年の周期成分が卓越している．そのうち，2 万年周期は地球の自転軸の歳差運動（コマの芯が首を振る時の運動），4 万年周期は地球の自転軸の傾角，10 万年周期は地球の公転軌道の離心率（楕円の形の変化）の周期に対応している（**図 4.5**）．この変化は，ミランコビッチサイクルと呼ばれている．ミランコビッチは，獄中でこの軌道計算をして日射量の変化を計算したといわれている．この地球の軌道要素の変化が，地球の受ける太陽からの照射エネルギーを変化させ，氷床の量を変えたという考え方である．この考え方の問題は，軌道要素の変化によって影響される照射エネルギーの大きさである．270 万年前以降，影響を与えていないように見える 2 万年周期の歳差運動が

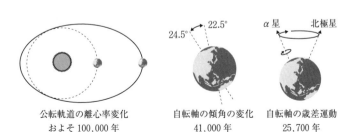

公転軌道の離心率変化　　　　自転軸の傾角の変化　　　　自転軸の歳差運動
およそ 100,000 年　　　　　　41,000 年　　　　　　　25,700 年

図 4.5　地球の公転軌道の 3 つの要素とその周期

最も大きな照射エネルギー変化をもたらすのに対し，この100万年間卓越している10万年周期を説明するのに持ち出した離心率のエネルギー変化は，実は歳差運動のエネルギー変化の100分の1程度である．また，270万年間の振幅や周期の増加も，軌道要素の変化だけからは説明できない．

氷期–間氷期サイクルのミランコビッチサイクルだけからでは説明できない特徴を再現するために，氷床成長と氷床の消長に伴う地盤の沈下，隆起を付け足したのが，ミランコビッチサイクル＋氷床リバウンド仮説である．先に説明したように，厚さ数kmにもなる氷が陸に載ると，その重みで地殻が変形する．地殻の沈降が激しいと，高度が低くなった地面は温度が上がり，地面から氷河の融解が始まる．その変形はゆっくりと進むので，氷の量の変化に遅れて起こる．これがミソである．その結果，氷期の氷河は大きく成長できる．また，間氷期になると，氷が溶けきっても，陸は沈んだ状態が続く．その結果，間氷期の状態がしばらく維持される．これは地球内部の現象に起因するので内因力（internal force）と呼ばれ，先のミランコビッチサイクルによる太陽照射エネルギー（外因力）と区別される．

そこにミランコビッチサイクルが作用する．ここで，重要なのは，氷床が消えたり，積もり始めるきっかけである．暑すぎる夏は氷を一気に溶かす．夏が暑すぎないことが氷床の成長には重要である．そこで，氷床の存在する高緯度（北緯65度）の夏の日射量だけに注目し（**図4.6**），それを氷床リバウンド仮説に作用させる．ミランコビッチサイクルは，氷床のでき始めと溶け始めのタイミングに影響すると考えている．こうしてミランコビッチサイクルの照射量の変化が小さくても，氷床量の変化を氷と陸の絡み合いによって増幅させることができる．

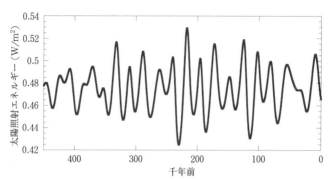

図 4.6　北緯 65 度における 7 月の日射量の変化[67].　暑すぎる夏は急速に氷を溶かすとしてモデルに組み込むと，氷の変化をよく再現できる.

　このような内因力と外因力を，コンピュータモデルに入れて，氷床量の変化を再現すると，10 万年周期の氷床量についてはかなりよく再現できることがわかった[65],[66].　この成功により，氷期-間氷期サイクルの原因はもう解明されたと考える科学者も多かったと思う.　しかし，4 万年周期から 10 万年周期への移行についてはこの時点では説明されていなかった.　最近になって，表土の喪失が周期の移行に効いているという説が発表された[68].　表土とは，基盤岩を覆う土壌の層を指す.　表土があると，雪氷は滑りやすくなると考えた.　最初，十分な表土が基盤岩を覆っている時には，わずかな氷床でも滑ってしまい，結果氷床が海に移動し，なくなってしまう.　度重なる氷期の出現によって，表土が次第に削り取られて，100 万年前には基盤岩がほぼむき出しの状態になった.　その結果，厚い氷床が大陸に留まることができ，10 万年周期へ移行した.　ざっと，こういう考えである.　これで，氷床量の周期，振幅の増大の問題もとうとう解決したかに思われた.

　しかし，氷期と間氷期の間で 100 ppm 近く変化する大気の二酸

化炭素濃度の連動が説明できていないのである．ミランコビッチサイクル＋氷床リバウンド仮説は，大気の二酸化炭素濃度に影響されにくく，二酸化炭素濃度はミランコビッチサイクル＋氷床リバウンド仮説によって引き起こされていると考えている．要するにミランコビッチサイクル＋氷床リバウンド仮説が'主'，二酸化炭素濃度は'従'の関係である．

　ミランコビッチサイクル＋氷床リバウンド仮説では，二酸化炭素濃度を無視する場合もある[66]一方，従属して変化するものとして，パラメータに入れ込む場合もある[68]．ミランコビッチサイクル＋氷床リバウンド仮説では，どうしても説明できないことが残されている．氷期が地球に現れたきっかけである．何が引き金になったのだろうか．地球の温度の何らかの低下が原因となったと考える研究者は多い．この温度低下の原因を大気の二酸化炭素濃度の低下に帰するとすれば，ミランコビッチサイクル＋氷床リバウンド仮説が'主'，大気の二酸化炭素濃度は'従'の関係が崩れてしまう．

　氷期出現のきっかけの問題は大問題と思う．その問題は一旦棚に置いて，ミランコビッチサイクル＋氷床リバウンド仮説が'主'のメカニズムとすれば，大気の二酸化炭素濃度変化は，氷床の生成によって引き起こされる従属的な理由でどのように説明されているのであろうか．

　海洋が氷期の間，二酸化炭素を多く蓄えたというのは，炭素同位体比の研究によって支えられ，ほぼ確実と考えられる．氷期に増加した海洋による二酸化炭素吸収量を説明する考えとしては，現在，次のような説が提案されている[69]．

1. 海水温の低下による，海洋の二酸化炭素の吸収量の増加
2. 海洋成層化＋炭酸塩の消費による，海洋の二酸化炭素の保持量

の増加

3. 南極周辺の棚氷のキャップによる海洋と大気の二酸化炭素交換の遮断

4. 風速の増加によって海洋にもたらされた陸埃（ダスト）の飛来量の増加によって供給量が増加した，鉄による生物ポンプ（Box 10 参照）の活発化

5. 高緯度での鉄の供給量の増加によって余ったケイ酸の低緯度への移行により引き起こされた，低緯度での珪藻生物ポンプの活発化

　1～3 の海洋における物理的状態の変化で，およそ半分程度の二酸化炭素の低下が説明できる．これら 1～5 の作用による変化のすべてが複合的に働くことによって，氷期の間，二酸化炭素は海洋に吸収されて，大気中の二酸化炭素濃度の低下が説明できるという考えである．これで説明しつくされたという空気がこの世界で漂いつつある．一方で，図 4.2 で示したように，大気二酸化炭素濃度と氷床生成との間にこんなに力強い，きれいな関係があるので，もっとシンプルな 1 つの仕組みがあるのでは，との思いも研究者たちにはあるようだ[69]．

　この中で 4. ダストの供給による生物ポンプの増加については，多くの疑問が残り，まだ証明されていない．鉄の添加によって植物プランクトンが活性化することは実験的に調べられていても，ダストの供給によって植物プランクトンが活性化することは観測により証明されていない．5 のケイ酸の移行は 4 が認められなければ，支持を失う関係にあるので，4 と 5 が認められなければ，氷期の大気の二酸化炭素の減少分の半分は行き場を失ってしまう．本章付録で詳しく述べるが，4 の考えを支持するような事実が海洋底堆積物の

観測によって得られている[63]．しかし，2つの事象（ダスト供給量の増加と大気中二酸化炭素濃度の減少）が同時に起こっているからといって，両者の因果関係が証明されたとは限らないことに注意が必要である．両者に影響する共通の因子が存在している可能性が残る．

　本書では，ほとんど説明がつくされかけていたかに見える，氷床が主，二酸化炭素が従の関係に異論を唱えることになる．

4.3　新しい氷期–間氷期サイクルのメカニズム
：深海微生物風化説

　従来から提唱され，最も広く受け入れられている氷床リバウンド仮説では，氷期–間氷期の大気二酸化炭素濃度の変化をうまく説明できない．大気の二酸化炭素濃度は，氷床リバウンド仮説にとって重要なパラメータではないので，大気の二酸化炭素濃度の変化を海洋の氷床に付随する変化で説明しようとするが，二酸化炭素濃度の半分程度の変化を説明するのがやっとであったと説明した．

　エルダーフィールド教授はこの二酸化炭素の行き場がわからない状況が受け入れ難かったに違いない．氷河期の間，二酸化炭素がどのようにして海に蓄積されたかわからないのでは，現在の私たちは五里霧中にいるようなものだ．

　エルダーフィールド教授と会って氷期–間氷期サイクルの問題にチャレンジしようと心に決めた数日後に，岡崎博士より教えていただいた論文に再び戻る．退氷期においてオパールの堆積速度の増加と二酸化炭素の増加が完全に同期していたという論文[51]である（図3.2参照）．3.4節で，オパールの深層への輸送は湧昇流によって起こり，二酸化炭素の放出を引き起こすことを説明した．このような

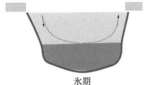

氷期　　　　　　　　　　　　　　退氷期

図 4.7　氷期と退氷期との海洋状態の違い

現象が，退氷期には南大洋以外にも北太平洋で報告されている[70]．これは，氷期と退氷期で海洋の物理的な状態の差に対応しているようだ（**図4.7**）．

　氷期では，海洋は成層が発達して上下間の海水の移動が少なく，一方退氷期には，湧昇が強くなったと考えた．この現象のうち，氷期の成層の発達については物理的にも説明が可能である[71]．南極などで氷が海水面で生成されると，海水は高塩分になるので密度が増す．このような海水は下方に沈み，低層に溜まる．こうして，氷の成長につれ，次第に成層の発達が進む．一方，なぜ退氷期に成層が不安定になったか，私にはまだ説明できないが，退氷期で湧昇が強くなったことの証拠の1つが，南大洋や北太平洋で見られるオパールの堆積物の増加である．

　さて，ここで第3章の内容，微生物による風化が炭素循環に何をしていたか，についておさらいする．微生物は，表層の生物が光合成によってつくった有機炭素を酸化分解しながら，発生した二酸化炭素を使ってケイ酸塩鉱物の溶解（風化）を行っている．その結果，海水にケイ酸と炭酸水素イオンが生成する．この2つの化学種が海水に蓄えられることによって，海洋の炭素の貯蓄量を増やすことができる．その際，ケイ酸と対になるのは二酸化炭素ではいけない．中和した形の炭酸水素イオンであることが重要だ．全溶存無機炭素の増加の方が対応するケイ酸の増加より多いとまだ中和してい

ない．私は 3.3 節でこのケイ酸と全溶存無機炭素の量論的関係を，バランスと呼んだ．一方で，湧昇域ではケイ酸と炭酸水素イオンが分離し，ケイ酸は珪藻殻の凝集化により深層や海底に移行し，炭酸水素イオンは一部，二酸化炭素として大気に移行し，一部は炭酸カルシウムになり沈降する（3.3 節および Box 12 参照）．ここまでおさらいすると，もうわかったぞと思う読者もいるかもしれない．そう，これから提案するのは，深海微生物風化説である．従来の考え方は，氷期の二酸化炭素の海洋貯蔵を海洋の構造や流れといった物理状態の変化で全体的に説明しようとする向きが強かったが，このアイデアは化学的な状態の変化で説明するものだ．

　成層が卓越していた氷期においては，湧昇が弱まり，深海にて微生物風化と有機炭素の分解によって，ケイ酸とバランスを保ちながら炭酸の蓄積が進む．湧昇が全くなければ，ケイ酸と炭酸の蓄積は進む一方である．湧昇が活発化すると，蓄えていた炭酸は二酸化炭素として放出される（**図 4.8**）．それだけで，氷期-間氷期サイクルにおける大気の二酸化炭素濃度の増減は説明できそうである．ちなみに，現在の海洋において，太平洋を南から北に深層水が流れている際にケイ酸濃度は $100\,\mu\mathrm{mol/kg}$ 上昇する．これが深海での微生物風化によるとすれば，炭素の吸収量は $70\,\mu\mathrm{mol/kg}$ 増加すると

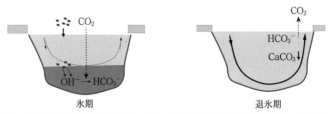

図 4.8　氷期と退氷期の状態と炭素の動き．氷期には深海微生物風化反応により海洋への二酸化炭素の吸収量が，間氷期には湧昇に伴う石灰化反応により二酸化炭素の放出量が上回る．

見積もられる．この量を太平洋の深層水の体積のたった 1/5 に割り当てただけで，大気の二酸化炭素濃度の 100 ppm 分に相当する二酸化炭素を蓄えていることがわかる．深層水は 1000 年近い歳月をかけて動くが，氷期はその 100 倍長い時間続くので，大気の二酸化炭素を蓄える十分の時間がある．一方で，現在の南大洋で湧昇によって放出される二酸化炭素量を，湧昇の流速と図 3.1 のケイ酸と全溶存無機炭素濃度の直線関係からの外れから見積もると，1 年で 30 Tmol 程度になる．この量は，大気の二酸化炭素のおよそ 1/2500 に，氷期-間氷期の間に変化した量のおよそ 1/1000 に相当する．風化作用と有機物の酸化分解のセットで吸収する二酸化炭素量（1 年で 1/1000 以上）と湧昇流で放出する二酸化炭素量（南大洋だけで 1 年で 1/2500）とでオーダーがつりあっていることがわかる．海底のオパールの堆積速度の増加と，氷床中に閉じ込められた空気の二酸化炭素濃度の増加とよく対応していること（図 3.2 参照）が，深海微生物風化説における海洋の炭素の放出の何よりの証拠である．

　要するに，海洋が蓄える二酸化炭素の量は，湧昇流の程度つまり海の状態に敏感に対応するということがいえる．海洋が蓄えられなかった分が大気の二酸化炭素の量になるので，それだけで，定性的には十分氷期-間氷期サイクルの大気二酸化炭素濃度を説明しているといえるが，より強く他の科学者を納得させられるようにと，海洋循環に敏感に反応する二酸化炭素の動きを表す簡単な深海微生物風化モデルをつくった．モデルにより，氷期-間氷期サイクルのまだ説明されていないいくつかの特徴も，炭素に関する地球環境の変化で理解できるかもしれない．

　この深海微生物風化モデルでは単純化し，循環炭素のリザーバ（入れ物）として海と大気だけを考え，他のリザーバ，たとえば，土壌やバイオマスはほぼ一定量の炭素を蓄えるとして無視した．こ

の扱いは，植物は光合成と呼吸により，1年間で多くの二酸化炭素を大気と交換しているが，両者はほぼつりあっていて変動はないことに相当する．その際，

1. 循環炭素は，海に全溶存無機炭素として，大気に二酸化炭素として配分される

とした．そして，海洋の状態と炭素の収支に関しては，

2. 氷の出現に伴い成層が強化され，深層で微生物風化により溶存無機炭素の蓄積が進む，
3. 退氷期には成層が崩れ，湧昇により溶存無機炭素の放出が進行する

の3つを基本とするが，

4. 氷床や棚氷の量は，大気の二酸化炭素濃度で決まる気温に依存する，
5. 海洋成層時にも少ないながら海洋の一部では湧昇が起きている

と仮定した．さらに，氷期が終わるタイミングを規定するものとして，

6. 氷床の発達速度の低下により，深層への高密度の冷水塊の供給が鈍ると，海底の地熱の供給によって成層の不安定になる

とした．6.については，冷水塊の供給と成層の不安定化を関連づけるために，証拠不足ながら地熱を用いたタイマーで表現したと考えていただきたい．これらの部品を詰め込んだ簡単なプログラムを走らせると，ノコギリ刃型の周期活動に加え，今まで再現が困難だった氷期–間氷期の2つの特徴，氷河サイクルの突然の出現，振幅と

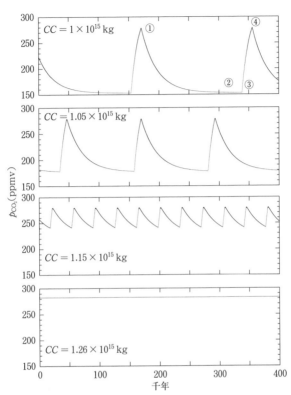

図 4.9　深海微生物風化モデルの出力. 設定した総循環炭素量 (*CC*) は，上から次第に大きくなっている. ①〜④については本文中に記載.

周期の変化を，大気と海洋に配分される総循環炭素量の減少で簡単に再現することができた（**図 4.9**）. このプログラムの結果について順を追って仕組みを簡単に説明する.

①大気の二酸化炭素が 280 ppm 以下になると，気温の低下により高緯度に棚 氷 (たなごおり) ができる. その際，棚氷に接した海水が低温かつ高

塩分になり，周囲の海水よりも高密度になって沈み込む．沈み込んだ海水は，海底に蓄積する．そして海洋の成層が次第に強化されていく．一方，供給されたダストの微生物風化と有機物の酸化分解によって，次第に深層に炭酸水素イオン（HCO_3^-）が蓄積していく．この有機物は，元を正せば大気の二酸化炭素から光合成によって供給されたものであるので，結果大気の二酸化炭素が深海に移動したことになる．こうして，棚氷が拡大している間は，成層 → 炭酸水素イオンの蓄積 → 大気二酸化炭素の減少 → 気温の低下 → 棚氷の拡大，の正のフィードバックの連鎖により厳しい氷期に突入してゆく．

②ところがある程度，深海に炭酸水素イオンが蓄積していくと，成層化している海洋でも部分的に湧昇が進行している（と仮定している）ので，ほんのわずかな湧昇でも，湧昇によって放出される二酸化炭素の量がダストの微生物風化と有機物の酸化分解によって1年で供給された炭酸水素イオンとつりあう時がくる．この時が氷期極大期である．すると，大気の二酸化炭素濃度の低下が終わり，棚氷の低緯度への張り出しも鈍り，高密度の海水の供給量が小さくなる．すると，成層水の厚みの増加のペースも低下し，次第に海底からの地熱の供給によっていずれ海水は温められ，成層が不安定化し，湧昇が大規模に起こる．

③ここから退氷期が始まる．湧昇に伴い，深海に蓄えられていた炭酸水素イオンが二酸化炭素として大気に放出され，大気の二酸化炭素濃度は上昇に転ずる．気温が上昇し始め，棚氷も縮小する．棚氷が縮小している間は，高密度海水の供給は小規模に抑えられるため，海洋は成層を形成することはできない．こうして，深海に蓄えられていた溶存無機炭素は二酸化炭素として大気に戻り，気温の上昇を引き起こし，いずれは棚氷の完全消滅へと向かう．

④完全に棚氷が消滅すると，新たな高密度海水の生成も最低になり，沈み込む海水量が減少した分，湧昇も再び鈍化する．ここから間氷期に入る．この時の気温は，二酸化炭素濃度 280 ppm に相当する．1 年の間に海洋から放出される二酸化炭素の量も小さくなり，再びダストの微生物風化と有機物の酸化分解によって深海に供給される溶存無機炭素の方が多くなる．次第に大気の二酸化炭素濃度が低下へと向かい始める．

　これで，氷期① → 氷期極大期② → 退氷期③ → 間氷期④を一巡した．このモデルでは，氷期の開始はある二酸化炭素分圧以下，ここでは 280 ppm 以下となる．以上は特徴的な鋸歯状の変化プロセスの説明である．続いてその周期，振幅がどうして変わるかを説明する．

　地球の循環炭素量が十分多い時には，湧昇が弱まった状態で海洋から放出される二酸化炭素量が，ダストの微生物風化と有機物の酸化分解がつりあう状態まで，海洋に蓄積される．蓄積量は，ダストの微生物風化と有機物の酸化分解の速度が一定であれば，ある定数 a になる．定数 a は湧昇の弱まり具合によっても異なり，その程度が大きいと a 値は大きくなるが，簡単のために弱まり具合は一定とした．これが海洋が蓄えることのできる炭酸量の上限となる．この量を超えて循環している炭素量は，すべて大気に配分される．その結果，大気中の二酸化炭素濃度が 280 ppm を切るならば，棚氷が成長し氷期突入の正のフィードバックループに陥る．一方，280 ppm 以上であれば棚氷ができず，地球は氷期にはならない．こうして，氷期開始の地球の条件が表現できる．

　もしも，循環炭素量がギリギリで氷期に突入できる量であった場合，ちょうど氷期が始まった時（大気の二酸化炭素濃度が 280 ppm

になった時）, 海洋に蓄えている溶存無機炭素量はすでに上限 a に近い. したがって, その後, 棚氷が生成して, ダストの微生物風化と有機物の酸化分解により生成した溶存無機炭素が蓄積し始めた時, 溶存無機炭素の蓄積量が, すぐに氷期の弱い湧昇のレベルでも放出される二酸化炭素の量とつりあう上限 a に到達してしまう. なので, 退氷期はすぐにやってくる（図 4.9 の CC 値が大きい時に対応）.

　もしも, 循環炭素量が十分に低ければ, 大気の二酸化炭素濃度が 280 ppm の時に海洋が蓄えている溶存無機炭素量は上限 a よりずっと少なくなり, ダストの微生物風化と有機物の酸化分解により生成した溶存無機炭素を長い間蓄積することができる. その間, 大気の二酸化炭素濃度も減少を続けるので, 棚氷は大きく成長することができる（図 4.9 の CC 値が小さい時に対応）. こうして, 氷期の激しさと周期についても, 循環炭素量で容易に説明することができる.

　深海微生物風化モデルでは, 循環炭素量が鍵を握っている. 氷床リバウンド仮説では氷が主であったのに対し, ここでは炭素が主になっている. 循環炭素量というのは単に地球表層を循環する炭素の一部を抜き出したものであるので, 地球表層を循環する炭素が時間とともに少なくなっていれば, 観測されているような氷期の振幅と周期の増大が再現できる.

　ここで, 地球表層の炭素はどのようにして加わり, どのようにして除かれるか, 考えてみたい. 人類がまだ化石燃料を利用していない時には, 炭素が加わるのは, 火山活動. また埋没した未分解有機物が何らかの原因で再び地表に現れた時である. 一方, 炭素が除かれるのは, 陸上での風化と海洋での石灰化反応のセット（1.3 節参照）の結果, 炭酸カルシウムが海底に堆積する過程, 未分解の有機物が海底や地中に埋まって, 循環から断ち切られる過程である. 未

分解の有機物が地表に現れるには，通常は地形の大きな変化，地殻変動が必要である．実際過去の大気の二酸化炭素濃度の増加は，大きな造山活動の時期に一致して起こっている[72]．逆に，地球表層を循環する炭素量が減少するためには，大規模な地殻活動がまとまった期間ないことが必要だ．生物が繁茂し，地表の水循環により効率良く有機物の堆積・埋没が進行するとよいと考えられる．また氷期–間氷期サイクルに入る前の海洋はすでに溶存無機炭素量は上限値 a に達しているため，ダストの微生物風化と有機物の酸化分解によって加わった溶存無機炭素は炭酸カルシウムとして埋没しながら，循環炭素量が減少していった．おそらく氷期が始まる前から現在まで，地殻活動がなく，比較的穏やかな環境が維持されていたと推測される．氷期–間氷期サイクルに入ると，退氷期の段階で湧昇時に一部の循環炭素が炭酸カルシウムとなる．生成した炭酸カルシウムの一部は深海で溶解し，残りは海底に埋没する．埋没の過程で，循環炭素が次第に減少する．氷期–間氷期サイクルにも，循環炭素の自動減少装置が組み込まれているといえる．このままサイクルが継続すると，過去に地球が何度か経験したスノーボールアースの状態に至るのかもしれない．

　およそ 120 万年前に，氷期–間氷期サイクルの周期・振幅が 4 万年周期から 10 万年周期へと変化した．この時期は，中期更新世遷移，Miocene-Pleistocene Transition（MPT）と呼ばれている．この時，深海微生物風化モデルでは，かなり急速に地球表層の炭素量が減少していたことが推測されるが，そのようなことを示唆する地質学的な証拠が見つからない．1 つの可能性として，海洋の循環モードが棚氷の成長により変化し，より強い湧昇活動の抑制が起こり，より多量の炭素が海洋に蓄積できるようになった可能性が高いのではないかと考えている．その結果，海洋が蓄えられる炭素の上限値

132

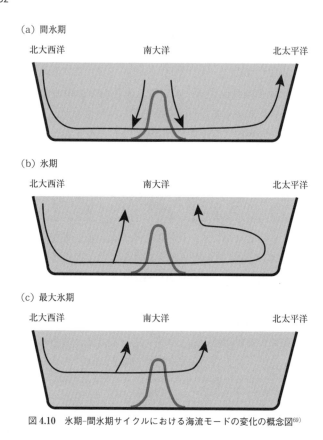

（a）間氷期

北大西洋　　　　　　　南大洋　　　　　　　　北太平洋

（b）氷期

北大西洋　　　　　　　南大洋　　　　　　　　北太平洋

（c）最大氷期

北大西洋　　　　　　　南大洋　　　　　　　　北太平洋

図4.10　氷期–間氷期サイクルにおける海流モードの変化の概念図[69]

aが大きくなったのであろう．実際に，堆積物からの証拠やコンピュータシミュレーションから，氷河期の成長によって，海流モードも亜寒期モードから深層水と表層水の交換がより少ない寒期モードへと移行すると考えられている[69),73)]（**図4.10**）．

　ざっと，こんな具合で，今まで説明が困難であった現象に明快かつ現実的な説明が与えられる．そういう意味では強気になっていい

ように思う反面，私の深海微生物風化モデルは市販のパソコンですぐできるような簡単なモデルの結果だ．おもちゃモデル，トイモデルといってもよいかもしれない．現在，学術論文で公表されている多くのモデルは，スーパーコンピュータで時間とお金をかけて行われる複雑なものだ．私も自身の考えを将来はそのようなモデルで走らせたいが，自らやろうとすると，時間，お金，頭脳がない．残念ながら，まだ賛同者がいないのが現状である．

4.4　他の説とのカップリング

賛同者が現れるまで，自分一人でできることをやって，説得力をつけておくことにした．氷床リバウンド仮説において，氷床の量の増減に高緯度における太陽の入射エネルギーを導入すると，観測された氷床の変化が再現できたのと同じように，自身の深海微生物風化のトイモデルに図4.5の太陽の入射エネルギーの変化を導入してみることにした．北緯65度の夏における入射エネルギー変化は気温にして±1℃足らずの変化を及ぼすとして計算すると，観測された氷床量の変化をよく再現した（**図4.11**）．太陽からの入射エネルギーの変動，つまりミランコビッチサイクルは，深海微生物風化説とも調和的であるようだ．

氷期–間氷期サイクルの研究を始めた頃，私は，氷期–間氷期サイクルにおいて，互いに連動する氷の量と大気の二酸化炭素濃度と温度の三者の連動関係を再現できればよいと考えていた．私の提案する深海微生物風化モデルは，この三者の連動関係を説明できるだけでない．ミランコビッチサイクルによって摂動を加えると観測された氷床量の変化を再現するために，すでに主流の氷床リバウンド仮説を必要としなくなった．言い換えれば，根本的には二酸化炭素を介し温度で陸の氷の量が決まるという考えである．主流の説を否定

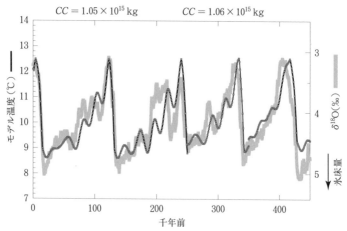

図 4.11 深海微生物風化モデルにミランコビッチサイクルを付加した時の地球の平均温度の出力（黒）. 比較のため底生有孔虫の炭素同位体比データ[41]（灰）を示した.

してもよいのだろうか. 私の考えは定性的にはまあ正しいとしても, こんな幼稚なモデルでは, 定量的に氷の量の増減をどこまで説明できるかわからない. 一方で, 氷は氷の力学で独立で進行していると考えること自体は, 多くの科学者がスーパーコンピュータを駆使して再現したもので, 否定することはできないようにも思われる. 深海微生物風化説は二酸化炭素が主, 氷が従である. 氷床リバウンド仮説は, 氷が主で, 二酸化炭素は従の関係にあるが, この両者をシームレスに結合することができれば, 何も氷床リバウンド仮説を否定することもなく, 氷床リバウンド仮説の二酸化炭素濃度を説明できないという欠点を補えるではないか.

　そこで, 思考実験として, 私の主張である二酸化炭素の変動が主で, 氷の変動が従の関係である場合, 逆に氷床リバウンド仮説が主で二酸化炭素の変動が従の関係である場合の, 2通りを順を追って考えてみた（**図 4.12**）.

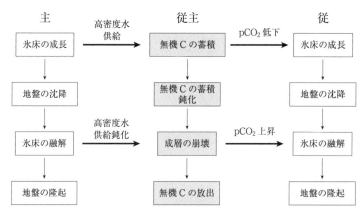

図 4.12　氷床リバウンドモデルと深海微生物風化モデルのカップリングのための思考実験.「深海微生物風化モデルが主,氷床リバウンドモデルが従」は右側,「氷床リバウンドモデルが主,深海微生物風化モデルが従」は左側.

　最初に二酸化炭素を主とした場合を考える.間氷期から氷期へと移行する際の引き金は,大気中二酸化炭素濃度(pCO$_2$)の低下であるとする.すると,実際に温度が低下し,氷床の拡大が引き起こされることがわかる.逆に,氷床リバウンド仮説を主とした場合,棚氷が成長を始めると,海洋の成層が促され,湧昇活動を弱めることによって,微生物風化によってつくられた海洋の溶存無機炭素の蓄積を促すので,結局大気の二酸化炭素濃度が減少する.要するに,間氷期から氷期へと移行する過程においては,どちらの過程が主であっても同じ現象が現れることが予想される.地球という舞台では原因と結果の現象の発現には時間差があるので,厳密にいえば異なっているが,1000 年ぐらいのタイムスケールで現象を見た場合,両者はほとんど区別できないだろう.

　次に,氷期から退氷期への移行について考える.二酸化炭素が主なら,大気の二酸化炭素濃度(pCO$_2$)の上昇が最初に起こる.この

上昇が気温の上昇を引き起こし，氷床の縮小をもたらす．氷床が主なら，氷床の拡大期から縮小期に転じた時に，高密度海水の供給が弱くなり，成層が崩壊し湧昇の活発化が引き起こされる．活発になった湧昇は大気により多くの二酸化炭素を放出することになり，結果として大気の二酸化炭素濃度が上昇する．やはり，どちらを主にしても，同じ現象がもたらされることになる．このことは，二酸化炭素，氷床リバウンドに基づく2つのメカニズムは，別々に働くものではなく，お互いに切り離されることがなく，強くカップリングしていることを示唆している．しかし，270万年前に起こったとされる氷河期への突入は，氷が主であった場合説明しにくい．二酸化炭素が基本的に主でなければならないと思う．

　以上を模式的に**図 4.13** に表すとすれば，次のようになる．ミランゴビッチサイクルの外的因子に摂動され，2つの内的メカニズムがそれぞれ陸と海で連動して進行したという考えである．氷床と深

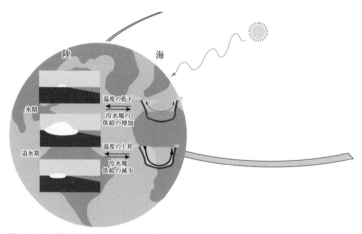

図 4.13　氷期–間氷期サイクルの全体像．陸での氷床リバウンドと海洋での深海微生物風化が結合し，両者はさらに太陽照射エネルギーの変化を受ける．

海微生物風化が相互作用しながら連動したために，氷床の成長が，氷の成長自身がもたらすフィードバック効果だけでなく，大気二酸化炭素濃度の低下によっても促進されたのではないかと考えられる．2つのメカニズムが相加的に働くので，氷河期の特徴である氷の成長が強められたのではないだろうか．

付　録

深海微生物風化説の地球化学的証拠による裏打ち

　ここで，提案する深海微生物風化説と地球化学的な代理指標の変化が，いかに整合しているかを説明する．地球化学について少し知識が必要なので，難しいと感じられることをご容赦いただきたい．

1.　炭酸塩の炭素同位体比 (δ^{13}C, Δ^{14}C)

　底生有孔虫の炭酸塩の殻の炭素の同位体比は，海水中に溶解する炭酸イオンの同位体比の変化を反映する．氷期においてはその δ^{13}C 値が 0.5‰ 程度低い値が報告されている[38),74)-76)]（**図 4.14**）．生物が光合成で固定した炭素は，二酸化炭素よりも δ^{13}C 値が低くなる．そのため，深層水の低い δ^{13}C 値は生物の固定した炭素が分解し，溶存無機炭素に変化して加わったと考えるのが普通である．このことを実現するために2つの可能性が挙げられている．1つは氷期の間，生物生産が増加した[74)]可能性，もう1つは，深層水と表層水の交換が抑えられ，生物起源の炭素の割合が増加した（成層化）可能性である[38),75),76)]．

　私が主張する「ダストの風化と有機炭素の酸化反応のカップリングによって蓄積した溶存無機炭素量の増加」の考えに基づけば，溶存有機炭素の同位体比がより強く反映される．溶存有機炭素の同位体比はおよそ −25‰ なので[77)]，計算上はこの有機炭素に由来する

138

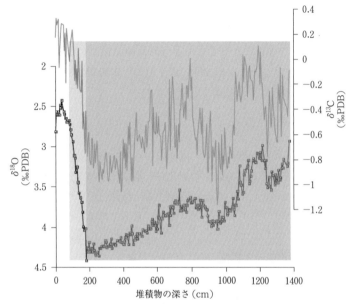

図 4.14　南大洋における底生有孔虫の炭素の同位体比の変化（上のグラフ）と酸素の同位体比の変化（下のグラフ）[76]. 後者は図 4.1 と同様，陸地の氷の体積の指標であるので，氷期サイクルでのステージと照合することができる．氷期をやや濃い灰色，退氷期を薄い灰色で示す．

無機炭素が全溶存無機炭素の 2% 加わることによって観測された $\delta^{13}C$ の変化を説明できる．もともと無機炭素は 2000 μmol/kg 程度存在しているので，このうちの 2% にあたる 40 μmol/kg の有機炭素が，その海域で酸化し加わったことになる．もしも海洋全体で同じような規模で有機炭素の酸化が起こったとすれば，氷期における大気の二酸化炭素分圧の減少分の 2 倍に相当する量になる．よって，十分説明可能である．

　今までに提案された，生物生産量の増加，成層化の強化について，おそらく前者は誤りと思われ，後者については，整合的であ

る．私の仮説でも成層化が鍵となっている．成層化は，分解した有機炭素を溶存無機炭素としてしっかりと保持することに寄与する．

　同じ炭素である放射性炭素 ^{14}C も同様に，氷期の深層水には少なくなっていることが報告されている[78]-[81]．^{14}C は大気で生成されるため，海水表面で大気と交換したり，大気の二酸化炭素を固定したりすると多くなり，それから時間が経つほど少なくなる．氷期においては $\Delta^{14}C$ が小さめ（^{14}C の量がある基準よりも少ないことを意味する）になっていることから，海水表面の交換量が小さくなった，つまり成層化が強まったという解釈を支持するものと受けとられてきた．

　海洋の有機炭素は，酸化されやすいものはさっさと分解されてしまうので，長い間海洋に留まっているものが多く，小さな $\Delta^{14}C$ 量は，海洋の有機炭素を炭素の起源とする私の仮説とも調和的である．年齢的には 1000 年以上古い炭素もある[77]．興味深いのは，粒子状有機炭素の $\Delta^{14}C$ である．驚くほど古い（$\Delta^{14}C$ が少ない），数千年の年齢に対応するような有機炭素が海洋に漂っていることがわかっている[82]．このような有機炭素も $\Delta^{14}C$ の減少に寄与したかもしれない．

2. 炭酸カルシウムの堆積速度

　炭酸カルシウムの重要な生産者は円石藻である．氷期は現在と比べて，炭酸カルシウムの堆積速度に大きな変化が見られていないが[83],[84]，現在湧昇流が活発な東太平洋の赤道域では，氷期に有意に炭酸カルシウムの堆積速度が減少する[85]．これは，氷期における生産速度の低下として解釈されている．一方，退氷期では，炭酸カルシウムにおける顕著な堆積量の増加が見られている[70]．また，退氷期には炭酸塩飽和深度が深化した（平易な言葉で言い換えると炭

酸カルシウムの飽和度が増した）という報告は多い[86].

　深海微生物風化説では，湧昇域において，表層での定常状態を保つために，二酸化炭素が放出されなければならないと予想されると3.4 節で述べた．具体的には，そのために次の反応が起こるだろう（Box 12 参照）．退氷期にはこの反応によって炭酸カルシウムと二酸化炭素が発生する．

$$Ca^{2+} + 2HCO_3^- \rightarrow CaCO_3 + CO_2 + H_2O$$

炭酸カルシウムは海底に移動し，二酸化炭素は大気に放出される．これにより，溶存無機炭素が効率良く除かれる．炭酸カルシウムが深層を通過する際に一部溶解するので，炭酸塩飽和深度が深くなる．一方，氷期は単に成層の強化により湧昇が抑えられたため，上記の反応が起こらず，炭酸カルシウムの堆積が少なかったというのが，深海微生物風化モデルの解釈である．

3. オパールの堆積速度

　全球的には氷期の方が間氷期よりもオパールの堆積は少ない[87]-[90]．炭酸カルシウムと同じように，氷期における生産量の減少を示していると考えられている．退氷期にはオパールの堆積量の増加があちこちの海域で認められ，それぞれ大気の二酸化炭素濃度の上昇によく対応している[51],[70],[91]（図 3.2 参照）．このことから，二酸化炭素を多量に溶かした海水の湧昇により，一部の二酸化炭素が大気に逃げ出しつつ，湧昇により珪藻の生産性が増加したと解釈されている．その時，二酸化炭素が逃げるということは，光合成活動に制限がかかっていると解釈される．制限がかかるためには，湧昇した海水に必要な栄養が不足していなければならないが，実際には $\delta^{15}N$ は窒素が消費しつくされていないことを意味するよ

うな値を示している[92),93)]. 上の解釈には無理があることがわかる.

　この退氷期におけるオパールの堆積速度の増加は, 本書で提案するモデルを支える最も重要なデータの1つである. この海域では, ケイ酸を含んだ深層水の供給によって珪藻の生産性が高くなる. 珪藻は生産性が高くなると, 珪藻の殻が凝集体を形成して表層から速やかに沈降し, 深層水に達するのに対し, 珪藻の内部の有機物は表層でほとんど分解してしまう. そのため, オパールは海底に堆積する. こうして, ケイ酸については表層で定常状態を保つことができる. 一方, 供給され続ける溶存無機炭素は前項2.で述べた通り, 一部が炭酸カルシウムとして沈降し, 一部が二酸化炭素として大気に放出されることになる. 窒素やリンは逃げ道がなく, 余り気味となって湧昇域外に水平に移動するであろう. したがって, 消費しつくされていない窒素の同位体比も調和的である. 窒素の同位体比については, 次にケイ素の同位体比とあわせて解釈する.

4. 窒素同位体比とケイ素同位体比 ($\delta^{15}N, \delta^{30}Si$)

　この2つの同位体比を一緒に扱うわけは, Brzezinski らによって氷期から間氷期における興味深い対照的な変化が報告されているからである[92)]. ここでケイ素の同位体比は, 底生の海綿のケイ酸骨格や堆積物中の珪藻殻のケイ素が対象である. また, 窒素については堆積物の有機物や, より特化した珪藻有機物の窒素の同位体比などが報告されている. 氷期においてはケイ素が低い同位体比を示し, 間氷期では窒素が逆に低い同位体比を示す (**図 4.15**). このようなスイッチングは南大洋で報告された. $\delta^{15}N$ の間氷期における減少についてはいたるところで報告されている[93)−95)]. 生物は, 余っている栄養については軽い同位体を選択摂取するので, これだけを素直に解釈すれば, 氷期には窒素不足かつケイ酸過剰, 間氷期には窒

142

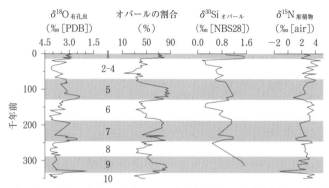

図 4.15　南大洋の珪藻オパールのケイ素同位体比 (δ^{30}Si) と堆積物窒素同位体比 (δ^{15}N) の変化[92]．退氷期と間氷期を灰色で示してある．退氷期を境に両者の同位体比の増減が逆に変化している．

素過剰かつケイ酸不足と読みとれる．従来の説ではそのために，氷期と退氷期の移り変わりに対応した，次項で紹介する鉄を介在とした栄養条件の変化の可能性が活発に議論されている[96)–98)]．

　私が提案する仮説は，氷期の窒素不足とケイ酸過剰，間氷期の窒素過剰とケイ酸不足について，より直接的な意味を提供できる．氷期の進行につれて，ダストの風化と有機炭素の酸化反応により，ケイ酸の濃度は溶存無機炭素の増加とともに進行したと考えられる．その過程では，現在の海洋でも見られるように，窒素濃度の増加は少ない．したがって，最大氷期に向かい，深層水はケイ素が過剰気味に，窒素が相対的に不足気味になった．その深層の栄養条件が拡散や湧昇によって表層の生産性を支えているので，表層では広い範囲でケイ素が過剰気味であったと思われる．しかし退氷期においては，湧昇でケイ酸だけが効率良くオパールとして堆積除去され，表層では分解してできた窒素が行き場を失い水平に伝い，広い範囲で窒素過剰になった．以上，解釈は極めてダイレクトである．

さらに，全球規模で氷期の生物源オパールの δ^{30}Si が間氷期に比べて 0.5〜1‰ 低いということが報告され[99]，これに対し，複数の要因の変化で苦し紛れな説明が試みられている．陸源のケイ酸塩鉱物中の δ^{30}Si は，生物源オパールよりも 1〜2‰ 低い．深海微生物風化モデルでは陸源のケイ酸塩鉱物のケイ素が海洋への直接溶け込むことになるので，簡単に説明できる．

5. 鉄

南大洋において，鉄の堆積量は氷期に多くなっている．しかもその変動は，大気の二酸化炭素の濃度と逆の関係にある[63]．鉄は海洋では不安定で酸化物をつくりやすく，海水から急速に除かれる．そのため，鉄は広い海域で栄養制限元素となっている．マーティンは，氷期の大気における低い二酸化炭素濃度は，鉄の供給によるという仮説を発表した[26]．実際，鉄を海洋に散布する実験を行うと，プランクトンが繁殖し，その海域は生物ポンプの働きで，二酸化炭素の吸収量が増加する[100]．以上の実験結果は，鉄の供給が氷期の低い大気中二酸化炭素濃度を説明する強力な論拠になっている．実際，氷期には高緯度域で風が強くなり，陸から海洋に運搬される塵の量が増える．さらにハッチンは鉄を添加した珪藻培養実験を行い，その影響を調べた．確かに，鉄を添加すると光合成量が増えた．それだけでなく，珪藻の Si/C が極端に減るということがわかった[101]．この研究結果から，氷期のケイ素同位体の示すケイ酸過剰についての解釈は，氷期に鉄が供給され，鉄の施肥効果により珪藻がケイ酸を必要としなくなったことによると解釈した．氷期にはこうして余ったケイ酸が低緯度域に達し，そこでの生物ポンプの働きにより，大気の二酸化炭素の減少に寄与したという考えにまで発展する[102],[103]．

　一見，この仮説は論理的にまとまっているように思える．しかし，鉄の化学について理解している研究者は，重要な問題点を指摘している．鉄の散布実験や鉄の添加培養実験は，鉄をイオンとして与えている．しかし，実際の海洋ではイオンではなく，黄砂のようなダストとして鉄が供給されている．鉄は黄砂から容易には生物が利用できるように溶解しないだけでなく[104]，たとえ溶解しても不安定で，直ちに除去されるという問題がある[105]．それに加え，現在の海洋で，たとえばサハラ砂漠の塵が供給される場所で，実際に珪藻の生物生産性が変化したり，二酸化炭素の固定量が大きくなっているという報告はない[106],[107]．要するに，鉄を巡る解釈は現在の海洋の観察に支えられていない．

　さらに，堆積物中の鉄の状態にも疑問が残る．鉄が施肥効果を発する場合，プランクトンの組織に一旦取り込まれるので，その鉄は最後には酸化鉄など，フッ酸を含まない酸に可溶な化学形態をとっていなければならない．私は同じ南大洋堆積物試料を取り寄せて分析したところ，試料によってはフッ酸を用いなければ溶解しない形の鉄，つまりケイ酸塩中の鉄がかなりの割合を占めていた．

　私の解釈は以下の通りである．最終氷期に向けて，深層水中の溶存無機炭素とケイ酸はどちらも濃度が上昇した（4.3節）．一部のケイ酸は表層に供給され，珪藻の生産性を高めた．第2章で見たように，私の現代の海洋における希土類元素についての研究から，珪藻はダストの溶解に寄与し，ダスト中の元素の一部は珪藻の殻に固定されるだろう．そして，その殻に固定される量は珪藻の生産性に比例したと考えられる．こうしてダスト中の鉄はアルミニウムや希土類元素とともに珪藻の殻に入る．この鉄の一部はその後溶解し，酸化物の形で堆積することもあれば，殻と一緒にケイ酸塩として堆積することもあるだろう．要するに，堆積物中の鉄は活発化された生

物ポンプを表しているのではなく，珪藻の量，つまり海洋のケイ酸の濃度を代弁しているのではないか．ケイ酸の濃度は，海洋の無機溶存炭素と比例関係（4.3節）にあるので，そう解釈すれば，大気中二酸化炭素濃度と逆相関が説明できる．

　しかし，そもそも鉄の供給源であるダストの量が増えなければ，観測されたような現象は認められるはずがない．マーティンの鉄仮説に基づく解釈の場合には，ダストが生物生産性を支え，それが二酸化炭素の濃度を低下させたという解釈なので，ダストと大気中二酸化炭素濃度の関係性には無理がないように見える．しかし，マーティンの鉄仮説に頼った解釈でも，南極の氷床コアに残ったダストの量は，南大洋海底で記録された鉄の堆積量とはよく似ているが，対数をとって初めてよく似ているという点で，実は全く異なっているのである[62]．氷期にはもっともっと極端に鉄が堆積していなければ，南極の氷床に記録された様子と合わないという問題がある．一方，私の解釈は，ダストの供給量については説明していない．ダストがその海域近辺にもたらされたのは事実であり，常識的にはその飛来量は珪藻とは無関係と考えられる．この点は私の解釈の弱い点である．珪藻自身あるいは珪藻が分泌した TEP（2.6節）が飛来したダストの一部をくっつけたまま遠洋まで運んだのかもしれない．ダストの多くは大陸の縁辺に堆積するので，ケイ酸を含む海水の湧昇に伴って撒き上げられた堆積物の成分が珪藻殻に一旦入り，流れに沿ってより遠くに運ばれたなどの可能性が考えられる．以降8で述べるネオジム同位体は，後者を支持しているように思われる．

　以上より，鉄の堆積量と大気二酸化炭素濃度の綺麗な逆相関が，本当は何を物語っているか，まだ多くの検討が必要である．

6. アルミニウム

　氷期における堆積量の増加は鉄だけでなく，アルミニウム[108]-[111]（**図 4.16**，**4.17**）にも認められる．おそらく，アルミニウムの挙動が今まで最も解釈が難しかったと思われる．前述の鉄の場合は，鉄自身の堆積速度が議論されているのに対し，アルミニウムについては，Al/Si が議論に使われている．氷期において Al/Si 比が陸源物質の比と比べて高い比を示すことが観測されている．なぜこれらが高い値を示すかについて，氷期では生物活動が高くなったためとされている．しかし，アルミニウムは生物必須元素でなく，ほとんどの生物にとってあまり必要とされていない元素なので，この解釈は苦し紛れな感がある．

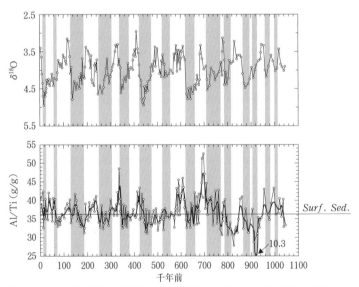

図 4.16　中央赤道太平洋の堆積物の Al/Ti 比[110]．この論文では陸源 Si の代理として Ti を用い，過剰 Al を Al/Ti 比で表している．氷期は灰色で示してある．

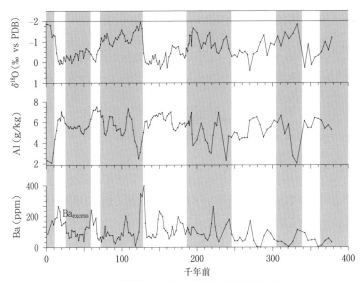

図 4.17　堆積物の Al と Ba 過剰. 赤道大西洋[111].

　私の提案するメカニズムでは解釈に無理がない. アルミニウムは
ケイ素と異なり, 海水では化学的に不安定であり, 沈殿しやすい.
ダストによって供給されるアルミニウムが風化反応によってケイ酸
とともに海水に放出されることになる. もしも, 海洋のケイ酸濃度
が一定, つまり定常状態下であれば, 陸起源物質として同時に供給
されるアルミニウムは, ケイ酸と同じ比を保ちながら除去されるで
あろう. 氷期に海水のケイ酸濃度が増加する際, 同時に供給される
アルミニウムは, ケイ酸堆積が抑えられた分, 堆積物の Al/Si 比は
高くならなければならない. 要するに, 堆積物の Al/Si 比は氷期の
海洋におけるケイ酸の全量が増加したことをサポートするデータと
捉えることができる.

7. バリウム

アルミニウムと同様，氷期の堆積物に高濃度のバリウムが観測されている[111]（図 4.17）．バリウムは藍藻の活性を高めることが知られていて生物生産性をも反映すると考えられ，バリウムの堆積量の増加は生物生産の増加によって説明されてきた．深海微生物風化説に立てば，バリウムも陸に起源をもつので，アルミニウムと同様に，氷期の海洋におけるケイ酸濃度の増加をサポートしていると捉えることができる．

一方，北太平洋ではバリウム堆積量のピークが逆に間氷期のピークに一致する観測結果も報告され[70],[112]，退氷期，間氷期における湧昇の程度を忠実に反映しているという解釈がなされている．海水中のバリウム濃度は深度が増加するにつれ，増加しているためである．この湧昇流の活発化に基づく解釈は，深海微生物風化モデルをサポートしている．

以上バリウムのピークについて，場所により氷期の異なったステージでピークを与えていることに関し，その解釈に曖昧な部分が残る．バリウムの挙動の理解が十分でないためと考えられる．

8. ネオジム同位体比

南大西洋の海洋堆積物の酸化物中のネオジムの同位体比の変化が氷期-間氷期サイクルによく対応して変動している[38]-[40],[113],[114]（図 2.14 参照）．ネオジムは，希土類元素の 1 つである．現在の太平洋と大西洋の海水のネオジムの同位体比には差異があることに基づき，一般的には，氷期にはより多くの太平洋の海水が大西洋へ流入したと解釈されている．もしも氷期に，成層によりブロッカーのコンベアベルト（Box 9 参照）が弱くなったなら，大西洋から太平洋への深層水の流れが弱められ，結果として，太平洋の深層水の影響

が大西洋にさらに大きく現れたのかもしれない．

　現在の海洋でも，大陸縁辺のネオジム同位体比が海流の流れに沿って刷り込まれることが報告されている．この原因は海水と底質とのネオジムの"境界交換"（図 2.12b 参照）によるとされている[115]．ただ海流が通るだけで，海水のネオジムと陸のそれが入れ替わるというのだ．第 2 章で述べたように，私の研究によって，海洋の希土類元素は珪藻の殻とともに深海へ運ばれるということが明らかになったため，この境界交換は，珪藻の仕業による見かけの現象と考えている．海流が海岸沿いに流れる時に，エクマン流という湧昇流が起こる．その時に大陸周辺の海底の堆積物粒子が巻き上げられ，表面にまで到達する．珪藻はその粒子を溶解し，殻に取り込む．その殻が溶解することによって，海水の同位体比を色づけするという仕組みである（2.3 節参照）．

　このプロセスを念頭に置いた上で，以下，微生物風化説に基づく解釈を行う．珪藻が溶解する陸起源物質は，波打ち際や大陸棚で巻き上げられた粒子など，大陸縁辺域由来のものが多いであろう[37]．また氷期には，南アメリカ大陸最南端の乾燥地帯からのダストも強風によって海洋にもたらされたことがわかっている[116]．ところで，南アメリカ大陸最南端や大陸縁辺域は大陸の内部より，ネオジム同位体比（$^{143}Nd/^{144}Nd$）が高い[116),117]．前に何度も見たように，氷期において海洋では，溶存無機炭素が蓄積するにつれて次第にケイ酸の濃度も高くなる．ケイ素が多くなるとどういうことが起こるだろう．ケイ素濃度の高い氷期には，少ない氷期に比べ，珪藻が大陸縁辺域由来のネオジムをより多く海洋に溶かすことになると予想できる．この時，海洋ケイ酸の増加は大気の二酸化炭素濃度の減少に比例しているので，ネオジム同位体比の変動も二酸化炭素濃度の減少に比例して対応することになる．これが，私の説におけるネオジム

同位体比の変動の解釈である.

　さらに発展して, もっと長時間のネオジムの同位体比の変動が私の説と調和するかどうかを調べるため, 大西洋と太平洋の両海底の鉄マンガン団塊に記録されたネオジム同位体比を調べてみた. これにより,「海のネオジムの起源が海水中のケイ酸濃度によって変わるという考え」が正しければ, 氷期以前の海洋ケイ酸濃度についての情報が得られるかもしれない. 太平洋と大西洋とでは過去5000万年間のネオジム同位体比の変化の様子は異なっていて, いろいろな不一致から, たとえばパナマ海峡が閉じたなどの出来事と関連させて議論されている[118]. 私はネオジムの起源として, 大気中二酸化炭素濃度によって供給量が左右される陸での風化に由来するネオジムと海洋のケイ酸量によって供給量が決まる大陸縁辺域のネオジムに分けて, 解析を進めていった. この方法の面白いことは, 海のケイ酸濃度だけでなく, 大気中の二酸化炭素濃度の変動が再現できることだ. 解析の結果は興味深く, 過去5000万年前からほぼ単調に二酸化炭素と海洋のケイ酸濃度が減少していたこと, 過去600万年前から減少の程度が急になったこと, さらに約300万年前以降はケイ酸だけが急速に除かれたことが示された (**図4.18**). ネオジム同位体比の時間分解能は高くなく, 氷期–間氷期サイクルの変動がならされた海洋の平均的な姿を捉えているはずで, 湧昇の活発な, 退氷期のケイ酸の除去を色濃く反映していることがわかる. これらの結果は, 私のトイモデルの2つの特徴と調和的である. ①氷期–間氷期サイクルに入る前は循環炭素量の減少によって大気二酸化炭素濃度だけでなく, 海洋ケイ酸も減少すること, ②氷期に入ると, 時間平均的には, ケイ酸が除かれると同時に海洋から炭素も放出され, 大気の二酸化炭素の減少を多少弱めていること.

　この考察は, 深海微生物風化モデルの炭素循環に基づく氷期の出

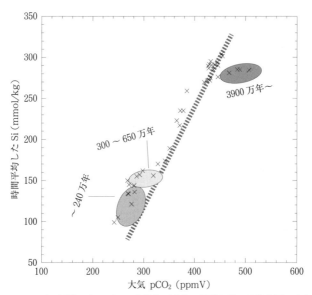

図 4.18　マンガン団塊のネオジム同位体比が珪藻の活動と陸の風化作用の寄与によって変化すると仮定して読みとった，大気二酸化炭素濃度と海洋ケイ酸濃度の変化．大気中二酸化炭素濃度とケイ酸濃度が比例関係を保ちながら次第に減少していくが，650 万年前から 300 万年前にかけて，二酸化炭素濃度が減少しても海洋で珪藻のダストの溶解によりケイ酸濃度が維持され続けた．しかし，氷期に突入すると，海洋に湧昇が活発になることにより，ケイ酸濃度が低くなった（240 万年前以降）．

現を非常に強く支持しているものである．1 人で先に走りすぎているきらいがあって，発表できる期が熟すのを待っている．

　以上，地球化学的な観測データを深海微生物風化説によりざっと説明した．そして，**図 4.19** にデータについての従来の解釈と深海微生物風化説の解釈をまとめた．1 つのデータに対しいろいろな解釈がありえることが，地球化学的データの弱さを物語っている．そのため，地球化学では一般に多様なデータを集めて，データ同士が

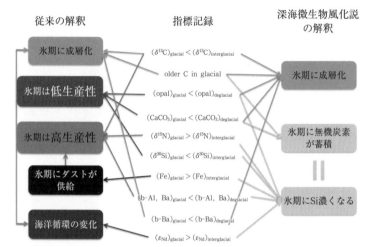

従来の解釈　　　　　　　指標記録　　　　　　深海微生物風化説
　　　　　　　　　　　　　　　　　　　　　　　　　　の解釈

図 4.19　従来の解釈と深海微生物風化説での解釈の対応. "b-" は生物起源を意味し, 堆積物中の Si に対して過剰な成分であることを示す.

矛盾しないもっともらしい考えを探るというスタンスで研究が進められる.

　従来の解釈の中には, 氷期には間氷期より生物生産がより活発だったことを示すデータもあれば, そうでない逆の傾向を示すものもあることがわかる. そのようなデータも深海微生物風化説では同じ枠で理解できる. 多くのデータについて, 深海微生物風化説では従来の解釈よりも直接的で説得力のある解釈が提案できることがおわかりいただけるのではないかと思う. しかし, 鉄についてはまだ検討が必要である.

現代の二酸化炭素問題
—私たちは海をどう利用するか—

5.1　大気の二酸化炭素濃度増加の意味

　大気の二酸化炭素濃度は，近年先例のないスピードで上昇している（**図5.1**）．大気の二酸化炭素濃度は今後どう変化するのか，二酸化炭素濃度の上昇により今後地球環境にどのような変化がもたらされるのか，私たちの生活にはどのような変化を強いられるのか，どのようにして大気の二酸化炭素濃度の低減に取り組むか，明らかにしなければならない問題が山積している．この問題を解くために少しでも役立てばという思いで，まだ解決していない氷期の二酸化炭素濃度の問題解明に挑戦した様子が，第3〜4章の内容になっている．その結果，深海の微生物による化学的風化に伴う二酸化炭素吸収という，これまでにはない考え方で解明できることを示した．本書の知見が，懸案の大気二酸化炭素濃度増加の問題にどのように寄与できるかを考えてみたい．

　まず最初に，深海微生物風化モデルから，地球環境は地表を循環

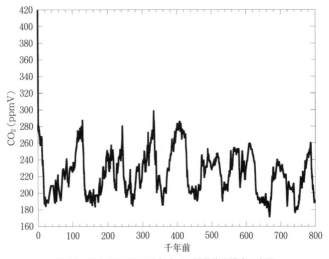

図5.1 過去80万年の大気中の二酸化炭素濃度の変遷

する炭素の量に大きく依存していることを強調したい．その時，地表に住む私たちにはわからない，炭素の重要な隠し場所があった．これが深海である．全体の炭素の量が変わらなくても，深海が蓄える炭素の量が増えていくと，大気中の二酸化炭素濃度が減少することになる．このような深海を含む環境全体の炭素の量は，通常急には増減しない．

　埋没している化石燃料を人類が掘り起こして，二酸化炭素を排出するという行為は，地表を循環する炭素の量を急に増やすことになり，環境に対して大きな影響を与えることは確実といえる．深海微生物風化モデルでは，氷期–間氷期サイクルに入るためには地表を循環する炭素の量が，ある量よりも少なくなくてはならないことを述べた．それよりも量が多いと氷期にはならず，陸棚の氷も成長しない．過去には，現在直面しているレベル（400 ppm）と同じか，そ

れ以上の高い二酸化炭素濃度の時代があったと考えられる．以来，炭素の総量は少しずつ減少してきた．したがって，産業革命以降の人類が化石燃料を消費するという行為は，まさに昔にさかのぼるという行為に相当する．人類が産業革命以降に放出した炭素量は，深海微生物風化モデルの解析を当てはめると，氷期-間氷期サイクルが始まった270万年前をすでに超え，300万年以前に戻ったことに相当する．言い換えれば，同じスピードで今後循環する炭素が除かれているとすれば，これから50万年ほど経たなければ，氷期が始まる条件にはならないと考えられる．私たちは，地球の環境から，30万年の私たちホモサピエンスの歴史以上の長い時間，氷期を消し去ったのだ．氷期がなくなったということは，ヨーロッパや北米が厚い氷に覆われずに済み，海水位が低くなったりしないことを意味する．厚い氷に覆われると産業活動の範囲が狭められるので，氷河期がなくなるというのは，私たちにとって悪くないと考える人もいるかもしれない．海水位も低下しないので，島国に住む私たちは，大陸と陸続きになる心配もなくなった．その反面，陸の氷が次第に薄くなっていくので，逆に海水位は確実に上昇する．仮にこのまま大気の二酸化炭素濃度が上昇を続け，温暖化が進み南極大陸が丸裸になると，水位が70メートル近く上昇する計算になり，多くの国が水没の危機にさらされることになる．やはり，何としても大気の二酸化炭素濃度の上昇を抑えなくてはならない．

5.2 海を利用した解決策の問題点

海は，大気の二酸化炭素のおよそ50倍の炭素を無機炭素の形で蓄えているので，人類が海に期待するのは当然である．海が少しでも協力してくれれば，増加した濃度分の二酸化炭素は簡単に吸収してくれるかもしれない．逆に気をつけないと，大量の二酸化炭素を

156

吐き出すかもしれない．本書で展開した深海微生物風化による炭素の蓄積は，海への頼り方に関し重要な指針を与えている．そして，その頼り方を誤ると効果がないどころか，逆効果をもたらすことになる．3.3節で導いた式を再び見てみると，

深海の全溶存無機炭素保持量 ＝ pH が決める基本的全溶存無機炭素
　　　　　　　＋ 表面に現れた時に光合成による炭素固定

この式によると，光合成を利用して，海に永続的に二酸化炭素を吸収させるためには，深海の窒素やリンの濃度上昇につながっていることが重要であることがわかる．このようなことに注意しながら，以下，検討されているいくつかの方法（**図 5.2**）について効果を考えてみたい．現在，次のような方策が検討されている（図 5.2）．

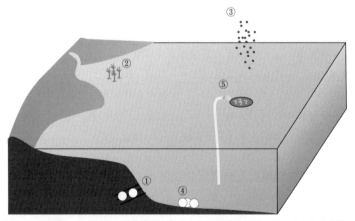

図5.2　海を用いて大気の二酸化炭素を除くために提案されているいくつかの方法．
①，②，③，④，⑤は本文中の方法に対応．

・効果の期待できる方法
　　例①：海底の地層中に二酸化炭素を注入する
・効果のあまり期待できない方法
　　例②：沿岸の生態系に頼る
　　例③：鉄を散布する
　　例④：二酸化炭素を海底に沈める
・逆効果さえある誤った方法
　　例⑤：海の沖に栄養を送るために深海の水を供給する

　例②の沿岸域の生物生産を人工的に増やす試みは，迅速に海底に土砂が堆積する限られた場所では，分解する前に有機炭素を海底地中に埋めることができるため，有効といえる．しかし，そのような場所は面積的に限られているだけでなく，植物は土砂を嫌うことが多い．一方，土砂の供給が少ない場所では，10年程度のタイムスケールでは効果はあると思われるが，堆積層は数年程度で分解量と堆積量がつりあう定常状態に達し，それ以上の効果は期待できなくなるだろう．マングローブは分解しにくい有機物をつくることが知られていて，より長い間有機炭素の堆積が可能かもしれない．しかし，現実的には，堆積層の厚さが増加していく状況でない限り，長期的な効果は期待できない．そのうち定常状態に達するからだ．人類の放出した二酸化炭素を回収しようと思ったら，回収面積を拡大する必要があり，もっと沖を利用することになるだろう．例⑤について，先日，テレビ番組で海洋表面での生物生産を増やすために，沖合に人工的に藻場をつくり，栄養を含んだ深層水を供給する実験が紹介された．確かに，深層水には窒素，リン，ケイ素などの栄養があるが，一方炭酸水素イオンも多いことに注意が必要である．炭酸水素イオンは，本書でたびたび出てきた次の反応を引き起こす．

$$Ca^{2+} + 2HCO_3^- \rightarrow CaCO_3 + CO_2 + H_2O$$

このことは，ちょうど退氷期の直接の引き金になった海洋の湧昇流を小規模に起こすことになる．深層水の供給は，この反応を通じて炭酸カルシウムの生成を促し，期待に反して二酸化炭素を大気に放出する危険性をはらんでいる．

光合成を利用した二酸化炭素の回収法のうち，吸収量増大の可能性が期待できるとしたら，海洋における栄養の絶対量の増加につながる栄養の直接施肥だろう．例⑤では，海洋にあるもともとの栄養を使うだけなので，そういう点からも効果は疑問である．貧栄養の海域に窒素やリンなどを散布して，生物生産量を高めると，生物のほとんどは表層で分解するかもしれないが，分解後この栄養は再び光合成に寄与するので，永続的に炭素の隔離に寄与すると期待できる．しかし，生態系への影響は必至であり，実行は困難であろう．

例②として，成長速度の大きなジャイアントケルプ（海藻の一種）を用いれば，組織の断片が深海に沈み，炭素の隔離につながることが期待されている．ジャイアントケルプは，アメリカ大陸周辺で大規模に繁茂している．この繁殖が，たとえば人為活動により新たに海洋に付加した窒素やリンに起因するものであれば，それなりに期待できるかもしれない．例③の鉄の散布が生物生産の増加に効くとされているが，鉄の効果は，あまり長続きしないだろう．散布した鉄のほとんどは酸化物になり，海底へと移動し，除かれてしまう．一時的に生産が増加しても，その大半は表層内で分解し，再び二酸化炭素として大気に戻ってしまう．表層の生物生産と深層への炭素の輸送は，そう単純に対応しないことが報告されている．本書でも，表層の役割は過大評価されていることを指摘した．では，深海に直接二酸化炭素を沈める例④はどうだろう．深海は数百年から

1000 年のタイムスケールで循環している．二酸化炭素は深層が湧昇し，表層に達すると，確実に二酸化炭素を放出することになる．この策は，単にツケを後の代に回しているにすぎない．現在，真剣に検討されているのは，例①の海底の地層に二酸化炭素を注入する方法だ．この方法は，海底の地層で一方向的に進行する風化反応を利用しているため，永続的な効果が期待できると思う．風化しやすい岩石の地層のアクセスは限られているので，大規模な工事が必要になる可能性がある．

5.3　風化を利用した「中和」された二酸化炭素による除去法の提案

では，どのように頼ることが効果的かについて，本書の内容に基づく見解を展開する．

炭素の格納場所としては，深海が有効である．深海微生物風化モデルから，深海の炭素の貯蔵量は可変であること，海が安定であれば長時間貯蔵できることがわかった．従来の氷河リバウンド仮説では，深海への二酸化炭素の貯蔵は氷床生成に付随して起こる現象として捉えていた．私は，大気の二酸化炭素と海の溶存無機炭素との配分が“主”で，氷河の形成は“従”として，大気中二酸化炭素の増減に付随して起こると考えているので，間氷期の今も深海に炭素を蓄えることは可能である．実際，「トイ」モデルであるが，氷期が起こる前も深海はしっかり二酸化炭素を蓄えていたことを示した．大気の二酸化炭素問題の解決に，なんとか深海を使うことはできないのだろうか．

深海への二酸化炭素の貯蔵は，深層に輸送された未分解有機物，黄砂などのケイ酸塩，さらに酸素の3つを材料にして行われてい

るというのが，私の研究の成果である．わかりやすい言葉に変えると，深海で有機物が酸素を消費して生成した二酸化炭素は中和した形でなければならない．中和した形というのは，風化によって，二酸化炭素を炭酸水素イオンの形に変えることである．もしも中和していなければ，比較的短時間，数十年程度で表層を伝って二酸化炭素が逃げてしまうだろう．そのことは，単に二酸化炭素をそのまま深海に運んでも，効果が長続きしないことを意味している．

　通常なら，有機炭素，酸素，ダストの3つの組がゆっくりと供給され，深海微生物風化によって，何万年もかけて，二酸化炭素を蓄えていくのである．時間があれば，自然のもつこの力に頼るのが最も安全といえる．人工でそのスピードを10倍程度は速められるかもしれないものの，なかなか大変そうである．

　第3章で述べたバランスの考え方によると，有機物の供給が少なく，黄砂などを風化させることができれば，二酸化炭素の不足した海水ができる．これが現在，二酸化炭素を吸収する海域ができる原因だ．このような場所をうまくいろいろな海域につくることはできないだろうか．なかなかの難問である．

5.4　珪藻の役割

　珪藻が私たちを助けてくれるかもしれない．

　2.5節の石を食べる珪藻の話を思い出してほしい．珪藻は，能動的に石を溶かし，希土類元素などをケイ酸の殻に閉じ込め，それを深海に運び，溶かし出していた．珪藻が透明細胞外ポリマー粒子（TEP，2.6節）を分泌し，石の成分が珪藻に吸収された時，石の材料をオパールで薄めただけで，まだ風化に寄与してはいない．しかし，このような不純物を含む殻は，純粋な殻に比べ溶解しにくくても，元の石を一旦溶かされ薄められている分，石自体と比べて溶け

やすいと期待でき，ダストと比べるとはるかに溶解しやすいと考えられる．2.6節で融材を例にとって説明した．適当な融材を使えば，普段はなかなか溶けない鉱物さえも水に溶かすことができる．オパールは，ケイ酸塩鉱物にとって一種の融材となると考えられる．事実，希土類元素は珪藻の殻の溶解とともに溶解することを第2章で紹介した．純粋な殻と比べると溶解しにくいため，沈降中に不純物すなわち石の成分は次第に濃縮されながら，より深い海に到達できる．そこで今度は，バクテリアによって能動的に風化されて不純物を含む殻が溶解し，カルシウムとマグネシウムが溶け出し，二酸化炭素を吸収する海水ができるのだ（**図5.3**）．私は，希土類元素を用いた研究から，ダストがそのまま深海に入ることは稀で，実際には貪欲な珪藻が関与し，珪藻の殻の形で深海にダストがもたらされると考えている．そして，海洋における風化は，珪藻と微生物がいわば協同で行っていると考えている．実際図3.1を見ると，ケイ素

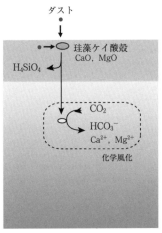

図5.3　珪藻の活動を介した深海でのダストの風化

の濃度が高く，珪藻がより活発な太平洋に相当するケイ酸濃度の範囲（[Si]＞50 μmol/kg）で，ケイ酸と全無機溶存炭素濃度間の直線関係が明瞭に確認できる．珪藻は，風化によって効率良く大気から二酸化炭素を海洋に吸収する触媒の役割を果たしているといえるのではないか．古環境学では，珪藻は寒冷条件に適応する指標生物としてたびたび用いられている．もしも二酸化炭素濃度を下げる風化を前述したようなやり方で珪藻が協同で行っているとすれば，珪藻が自ら寒冷化をもたらしたのかもしれない．

珪藻を使えば，微生物風化を促すことができるのではないだろうか．このやり方なら，比較的簡単に，しかも確実に二酸化炭素を海洋に吸収させることができるかもしれない．珪藻はどこにでもいるし，どこでも湧くように増える．黄砂あるいは未風化の岩石の粉を，今までなかなか届いていなかった海域に，薄く，広く撒くのだ（**図 5.4**）．特に南大洋は散布に向いている．陸地が少なく，黄砂の飛来が限られているからである．

微生物風化反応は海洋にとって目新しいことではないので，その

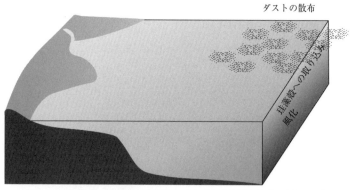

図 5.4 深海微生物風化作用を利用した大気の二酸化炭素を除く方法の提案

安全性はすでに歴史が証明している．この点は私たちが微生物風化
反応を大気中の二酸化炭素の隔離に応用する際には重要なポイント
だ．やや心配な点は，深層水が微生物風化反応の結果，二酸化炭素
を吸収できる状態になっても，実際その水がどのくらい速やかに大
気の二酸化炭素を吸収してくれるかである．しかし，カルシウムや
マグネシウムは希土類元素よりも溶けやすいので，かなりの成分は
表層で溶解するのではないかと思う．表層は比較的混ざりやすいの
で，深層の 1000 年という長い時間は必要ない．

　それでも人類がすでに大気中に放出してしまったすべての二酸
化炭素を吸収しようと思ったら，決して楽ではない．計算では，海
表面 1 m^2 あたり，10 kg もの岩石を風化させる必要がある．幸い，
珪藻は回転時間（1 世代の珪藻が過ごす時間）が 1 週間足らずな
ので，1 週間ごとの高頻度で散布することができる．100 年かけて
週 1 度の頻度で散布するとすれば，1 m^2 あたり，1 回の散布量は
2.5 g となる．実験からは，ケイ酸塩鉱物の量が多すぎると，珪藻
の生育が妨げられることが示されている．この量は，珪藻にとって
悪影響をもたらすか，もたらさないかのギリギリの量なのだ．現実
的には，すでに運行中の船舶を使うことになると考えられるので，
そんなに効率良くは進めることができない．それでも 5.2 節で提案
したどの方法と比べても，安全で確実で安価に大規模で実行できる
のは間違いないといえる．珪藻に助けてもらうにしても，気の遠く
なるような作業を，根気よく行わなくてはいけない．うまくいった
として，最終的な溶存無機炭素の濃度は，その除去速度と風化速度
のつりあいで決まる．深層循環を操作するのは無理なので，湧昇は
同じように起こると考え，溶存無機炭素の除去速度は海洋の溶存無
機炭素濃度に比例するとして，簡単な計算をしてみよう．

$$\text{除去速度} = \text{k1 溶存無機炭素濃度}$$

一方，微生物の風化速度は年あたりばら撒いたダストに比例すると
考えて

$$\text{風化速度} = \text{k2 ダスト散布量}$$

つりあいより，

$$\text{溶存無機炭素濃度} = \text{k2/k1 ダスト散布量} \propto \text{二酸化炭素吸収量}$$

となる．溶存無機炭素濃度をモニターしながら，ダスト散布量を上
手に管理すれば，かなり効果的な二酸化炭素の削減が可能である．

このプロジェクトを実施に移すにあたり，まだ不確実性が多く残
されている．まず，溶存無機炭素の増加に比例して増加するケイ酸
濃度の高い海洋の姿を，私たちは知らない．現在の海洋ではケイ酸
濃度は北大西洋から北太平洋まで10倍の差があるため，ケイ酸濃
度が20%程度の上昇であれば，そのようなケイ酸濃度をもつ海洋
が現在の海洋のどこかで見つかるので，過度に心配する必要はない
と思われる．ケイ酸の増加は珪藻の生産性に影響するため，漁業で
は漁れる魚の種類などに影響を与えるだろうが，珪藻は上位の生態
系を支える優れた栄養になるので，漁獲量は増加はしても減少する
ことはないであろう．この章で展開した珪藻が風化反応の触媒とし
て働くという考えが誤りであったとしても，深海に沈んだダスト
は，効率良くとはいえなくとも部分的にでも風化されると二酸化炭
素を吸収する海水ができるし，珪藻は必ずケイ酸塩鉱物を溶解する
ために，TEPという有機物（2.6節）をつくる．そしてケイ酸塩を
溶解した後は珪藻は増殖が可能になり，表層での生物ポンプはより
活発になることが期待できる．短期的にも二酸化炭素の回収に効果

があるかもしれない.

　現在多くの研究で, 炭素循環の仕組みの理解が不完全なまま, 炭素の隔離が試されている. これらは, 目的が果たせないままに終わってしまう可能性がある. 長い時間にわたって効果を期待するためには, 地球によく耳を傾けなければならない. 本書で紹介した新しい炭素循環が二酸化炭素問題の解決につながることが研究者に受け入れられ, 人類の未来のために, 有効に時間とエネルギーが使われることを切に望む.

　1つだけはっきりいえることがある. 大気に二酸化炭素を拡散することに比べ, 二酸化炭素を回収することは, はるかに時間と労力を要する. 私たちは, 二酸化炭素の排出をゼロに抑える努力は決して怠ってはならない.

　風化は脈々と地球上で進行してきた反応であり, 水の循環が必須である. 生物がそこに参入して, さらにそのスピードが加速した. 風化反応は, 光合成反応と比べ, 逆反応が起こりにくいという特徴があった. 生物活動だけでなく, 水の循環も, 結局は太陽のエネルギーで駆動されているので, 太陽の恩恵をここでも感じられる. 二酸化炭素を 0.03% まで減らした光合成活動が太陽エネルギーの第一の恩恵とすれば, 風化は太陽エネルギーの第二の恩恵である. 人類は, 第一の恩恵だけでは解決が困難なほど地球を痛めてしまった. これから第二の恩恵に頼らなければならなくなったといえるのではないか.

文　献

1) ジェームズ・ラブロック 著，星川淳 訳：『地球生命圏―ガイアの科学―』工作舎 (1984).

2) Houghton, R. A.: The contemporary carbon cycle. *Treatise on Geochemistry*, **8**, 473-513 (2003).

3) Li, G., Elderfield, H.: Evolution of carbon cycle over the past 100 million years. *Geochimica et Cosmochimica Acta*, **103**, 11-25 (2013).

4) Cawley, J., Burruss, R., Holland, H.: Chemical weathering in central Iceland: An analog of pre-Silurian weathering. *Science*, **165**, 391-392 (1969).

5) Taylor, A. B., Velbel, M. A.: Geochemical mass balances and weathering rates in forested watersheds of the southern Blue Ridge II. Effects of botanical uptake terms. *Geoderma*, **51**, 29-50 (1991).

6) Bormann, B. T.*et al*.: Rapid, plant-induced weathering in an aggrading experimental ecosystem. *Biogeochemistry*, **43**, 129-155 (1998).

7) Arthur, M., Fahey, T.: Controls on soil solution chemistry in a sub-alpine forest in north-central Colorado. *Soil Science Society of America Journal*, **57**, 1122-1130 (1993).

8) Berner, R.: Chemical weathering and its effect on atmospheric CO_2 and climate in Chemical Weathering Rates of Silicate Minerals, *Reviews in mineralogy* Vol. 31 (ed AF White and SL Brantley) (1995).

9) Moulton, K. L., Berner, R. A.: Quantification of the effect of plants on weathering: Studies in Iceland. *Geology*, **26**, 895-898 (1998).

10) Benedetti, M., Menard, O., Noack, Y., Carvalho, A., Nahon, D.: Water-rock interactions in tropical catchments: Field rates of weathering and biomass impact. *Chemical Geology*, **118**, 203-220 (1994).

11) Hinsinger, P., Barros, O. N. F., Benedetti, M. F., Noack, Y., Callot,

G.: Plant-induced weathering of a basaltic rock: Experimental evidence. *Geochimica et Cosmochimica Acta*, **65**, 137–152 (2001).

12) Hinsinger, P., Gilkes, R.: Dissolution of phosphate rock in the rhizosphere of five plant species grown in an acid, P-fixing mineral substrate. *Geoderma*, **75**, 231–249 (1997).

13) Hinsinger, P., Elsass, F., Jaillard, B., Robert, M.: Root-induced irreversible transformation of a trioctahedral mica in the rhizosphere of rape. *Journal of Soil Science*, **44**, 535–545 (1993).

14) Falkowski, P. G. *et al.*: The evolution of modern eukaryotic phytoplankton. *Science*, **305**, 354–360 (2004).

15) Falkowski, P. G., Oliver, M. J.: Mix and match: How climate selects phytoplankton. *Nature Reviews Microbiology*, **5**, 813–819 (2007).

16) 高橋英一：『ケイ酸植物と石灰植物』農山漁村文化協会 (1987).

17) Ma, J. F. *et al.*: A silicon transporter in rice. *Nature*, **440**, 688–691 (2006).

18) Akter, M., Akagi, T.: Effect of fine root contact on plant-induced weathering of basalt. *Soil Science and Plant Nutrition*, **51**, 861–871 (2005).

19) Akter, M., Akagi, T.: Role of fine roots in the plant-induced weathering of andesite for several plant species. *Geochemical Journal*, **40**, 57–67 (2006).

20) Akter, M., Akagi, T.: Dependence of plant-induced weathering of basalt and andesite on nutrient conditions. *Geochemical Journal*, **44**, 137–150 (2010).

21) Akagi, T. *et al.*: Dissolved ion analyses of stream water from bamboo forests: Implication for enhancement of chemical weathering by bamboo. *Geochemical Journal*, **46**, 505–515 (2012).

22) Akagi, T., Miura, T., Takada, R., Watanabe, K.: Plagioclase weathering by mycorrhizal plants in a Ca-depleted catchment, inferred from Nd isotope ratios and REE composition. *Geochemical Journal*, **51**, 537–550 (2017).

23) 巌佐耕三：『珪藻の生物学』東京大学出版会 (1976).

24) Treguer, P. *et al*.: The silica balance in the world ocean: A reestimate. *Science*, **268**, 375–379 (1995).

25) 須藤斎：『海と陸をつなぐ進化論―気候変動と微生物がもたらした驚きの共進化―』講談社 (2018).

26) Martin, J. H.: Glacial-interglacial CO_2 change: The iron hypothesis. *Paleoceanography*, **5**, 1–13 (1990).

27) Broecker, W., Peng, T.: *Tracers in the Sea*. Lamont-Doherty Geol. Obs., Palisades, NY (1982).

28) Akagi, T., Fu, F.-f., Hongo, Y., Takahashi, K.: Composition of rare earth elements in settling particles collected in the highly productive North Pacific Ocean and Bering Sea: Implications for siliceous-matter dissolution kinetics and formation of two REE-enriched phases. *Geochimica et Cosmochimica Acta*, **75**, 4857–4876 (2011).

29) Akagi, T., Nishino, H.: Unified modeling of contrasting basin-scale dissolved Al distributions using dissolution kinetics of diatom aggregates: Implication for upwelling intensity as a primary factor to control opal burial rate. *Marine Chemistry*, **235**, 104009 (2021).

30) Emoto, M., Takahashi, K., Akagi, T.: Characterization of settling particles in the Bering Sea and implications for vertical transportation of multiple elements by diatom frustules. *Geochemical Journal*, **53**, 249–259 (2019).

31) Akagi, T.: Rare earth element (REE)-silicic acid complexes in seawater to explain the incorporation of REEs in opal and the "leftover" REEs in surface water: New interpretation of dissolved REE distribution profiles. *Geochimica et Cosmochimica Acta*, **113**, 174–192 (2013).

32) Akagi, T., Emoto, M., Tadkada, R., Takahashi, K.: Diatom frustule is an impure entity: Determination of biogenic aluminum and rare earth element composition in diatom opal and its implication on marine chemistry. in *Distoms: Diversity and Distribution, Role in Biotechnology and Environmental Impacts*, Ch. 1–34, 127, Nova Science Publishers, Inc. (2013).

33) Sholkovitz, E. R., Landing, W. M., Lewis, B. L.: Ocean particle chem-

istry: The fractionation of rare earth elements between suspended particles and seawater. *Geochimica et Cosmochimica Acta*, **58**, 1567–1579 (1994).

34) Byrne, R. H., Kim, K.-H.: Rare earth element scavenging in seawater. *Geochimica et Cosmochimica Acta*, **54**, 2645–2656 (1990).

35) Lacan, F., Jeandel, C.: Acquisition of the neodymium isotopic composition of the North Atlantic Deep Water. *Geochemistry, Geophysics, Geosystems*, **6**, Q12008 (2005).

36) Beck, L., Gehlen, M., Flank, A. M., Van Bennekom, A. J., Van Beusekom, J. E. E.: The relationship between Al and Si in biogenic silica as determined by PIXE and XAS. *Nuclear Instruments and Methods in Physics Research Section B: Beam Interactions with Materials and Atoms*, **189**, 180–184 (2002).

37) Akagi, T., Yasuda, S., Asahara, Y., Emoto, M., Takahashi, K.: Diatoms spread a high ε Nd-signature in the North Pacific Ocean. *Geochemical Journal*, **48**, 121–131 (2014).

38) Piotrowski, A. M., Goldstein, S. L., Hemming, S. R., Fairbanks, R. G.: Temporal relationships of carbon cycling and ocean circulation at glacial boundaries. *Science*, **307**, 1933–1938 (2005).

39) Piotrowski, A. M., Goldstein, S. L., Hemming, S. R., Fairbanks, R. G.: Intensification and variability of ocean thermohaline circulation through the last deglaciation. *Earth and Planetary Science Letters*, **225**, 205–220 (2004).

40) Rutberg, R. L., Hemming, S. R., Goldstein, S. L.: Reduced North Atlantic Deep Water flux to the glacial Southern Ocean inferred from neodymium isotope ratios. *Nature*, **405**, 935–938 (2000).

41) Lisiecki, L. E., Raymo, M. E.: A Pliocene-Pleistocene stack of 57 globally distributed benthic $\delta^{18}O$ records. *Paleoceanography*, **20**, PA1003 (2005).

42) Petit, J. R. *et al.*: Climate and atmospheric history of the past 420,000 years from the Vostok ice core, Antarctica. *Nature*, **399**, 429–436 (1999).

43) Lüthi, D. *et al.*: High-resolution carbon dioxide concentration record 650,000–800,000 years before present. *Nature*, **453**, 379–382 (2008).

44) Villacorte, L. O. *et al.*: Characterisation of transparent exopolymer particles (TEP) produced during algal bloom: A membrane treatment perspective. *Desalination and Water Treatment*, **51**, 1021-1033 (2013).

45) Toullec, J., Moriceau, B.: Transparent exopolymeric particles (TEP) selectively increase biogenic silica dissolution from fossil diatoms as compared to fresh diatoms. *Frontiers in Marine Science*, **5**, Article 102 (2018).

46) Passow, U.: Transparent exopolymer particles (TEP) in aquatic environments. *Progress in Oceanography*, **55**, 287-333 (2002).

47) Dammshäuser, A., Wagener, T., Croot, P. L.: Surface water dissolved aluminum and titanium: Tracers for specific time scales of dust deposition to the Atlantic? *Geophysical Research Letters*, **38**, L24601 (2011).

48) Chen, T.-Y., Rempfer, J., Frank, M., Stumpf, R., Molina-Kescher, M.: Upper ocean vertical supply: A neglected primary factor controlling the distribution of neodymium concentrations of open ocean surface waters? *Journal of Geophysical Research: Oceans*, **118**, 3887-3894 (2013).

49) Mackenzie, F. T., Garrels, R. M.: Silicates: Reactivity with sea water. *Science*, **150**, 57-58 (1965).

50) WOCE Data Products Committee: http://www.ewoce.org/ (2002).

51) Anderson, R. *et al.*: Wind-driven upwelling in the Southern Ocean and the deglacial rise in atmospheric CO_2. *Science*, **323**, 1443-1448 (2009).

52) 赤木右：珪藻が変える海洋化学，地球環境．海洋化学研究，**32**， 29-42 (2017).

53) Vandevivere, P., Welch, S., Ullman, W., Kirchman, D. L.: Enhanced dissolution of silicate minerals by bacteria at near-neutral pH. *Microbial ecology*, **27**, 241-251 (1994).

54) Vorhies, J. S., Gaines, R. R.: Microbial dissolution of clay minerals as a source of iron and silica in marine sediments. *Nature Geoscience*, **2**, 221-225 (2009).

55) Wagener, T., Pulido-Villena, E., Guieu, C.: Dust iron dissolution in seawater: Results from a one-year time-series in the Mediterranean Sea. *Geophysical Research Letters*, **35**, L16601 (2008).

56) Basu, S., Gledhill, M., de Beer, D., Prabhu Matondkar, S., Shaked, Y.: Colonies of marine cyanobacteria Trichodesmium interact with associated bacteria to acquire iron from dust. *Communications biology*, **2**, 1-8 (2019).

57) Tjiputra, J. F. *et al.*: Long-term surface pCO_2 trends from observations and models. *Tellus B*: *Chemical and Physical Meteorology*, **66**, 23083 (2014).

58) Yasuda, S., Akagi, T., Naraoka, H., Kitajima, F., Takahashi, K.: Carbon isotope ratios of organic matter in Bering Sea settling particles: Extremely high remineralization of organic carbon derived from diatoms. *Geochemical Journal*, **50**, 241-248 (2016).

59) Ruddiman, W. F.: *Earth's Climate*: *past and future*. Macmillan (2001).

60) Stenni, B., *et al.*: in *NOAA/NCDC Paleoclimatology Program*. Boulder CO, USA. (2006).

61) Jouzel, J. *et al.*: Orbital and millennial Antarctic climate variability over the past 800,000 years. *Science*, **317**, 793-796 (2007).

62) Lambert, F., Bigler, M., Steffensen, J., Hutterli, M., Fischer, H.: Centennial mineral dust variability in high-resolution ice core data from Dome C, Antarctica. *Clim. Past*, **8**, 609-623 (2012).

63) Martinez-Garcia, A. *et al.*: Iron fertilization of the Subantarctic ocean during the last ice age. *Science*, **343**, 1347-1350 (2014).

64) Oerlemans, J.: Model experiments on the 100,000-yr glacial cycle. *Nature*, **287**, 430-432 (1980).

65) Pollard, D.: A simple ice sheet model yields realistic 100 kyr glacial cycles. *Nature*, **296**, 334-338 (1982).

66) Abe-Ouchi, A. *et al.*: Insolation-driven 100,000-year glacial cycles and hysteresis of ice-sheet volume. *Nature*, **500**, 190-193 (2013).

67) Laskar, J. *et al.*: A long-term numerical solution for the insolation quantities of the Earth. *Astronomy* & *Astrophysics*, **428**, 261-285 (2004).

68) Willeit, M., Ganopolski, A., Calov, R., Brovkin, V.: Mid-Pleistocene transition in glacial cycles explained by declining CO_2 and regolith removal. *Science Advances*, **5**, eaav7337 (2019).

69) Sigman, D. M., Hain, M. P., Haug, G. H.: The polar ocean and glacial cycles in atmospheric CO_2 concentration. *Nature*, **466**, 47-55 (2010).

70) Galbraith, E. D. *et al.*: Carbon dioxide release from the North Pacific abyss during the last deglaciation. *Nature*, **449**, 890-893 (2007).

71) Sigman, D. M., Jaccard, S. L., Haug, G. H.: Polar ocean stratification in a cold climate. *Nature*, **428**, 59-63 (2004).

72) Zachos, J., Pagani, M., Sloan, L., Thomas, E., Billups, K.: Trends, rhythms, and aberrations in global climate 65 Ma to present. *Science*, **292**, 686-693 (2001).

73) Rahmstorf, S.: Ocean circulation and climate during the past 120,000 years. *Nature*, **419**, 207-214 (2002).

74) Curry, W. B., Duplessy, J.-C., Labeyrie, L., Shackleton, N. J.: Changes in the distribution of $\delta^{13}C$ of deep water ΣCO_2 between the last glaciation and the Holocene. *Paleoceanography*, **3**, 317-341 (1988).

75) Oppo, D. *et al.*: A $\delta^{13}C$ record of Upper North Atlantic Deep Water during the past 2.6 million years. *Paleoceanography*, **10**, 373-394 (1995).

76) Ninnemann, U. S., Charles, C. D.: Changes in the mode of Southern Ocean circulation over the last glacial cycle revealed by foraminiferal stable isotopic variability. *Earth and Planetary Science Letters*, **201**, 383-396 (2002).

77) Dittmar, T., Stubbins, A.: 12.6-Dissolved organic matter in aquatic systems. *Treatise on Geochemistry*, **2**, 125-156 (2014).

78) Sikes, E. L., Samson, C. R., Guilderson, T. P., Howard, W. R.: Old radiocarbon ages in the southwest Pacific Ocean during the last glacial period and deglaciation. *Nature*, **405**, 555-559 (2000).

79) Hughen, K. *et al.*: ^{14}C activity and global carbon cycle changes over the past 50,000 years. *Science*, **303**, 202-207 (2004).

80) Marchitto, T. M., Lehman, S. J., Ortiz, J. D., Fluckiger, J., van Geen, A.: Marine radiocarbon evidence for the mechanism of deglacial atmospheric CO_2 rise. *Science*, **316**, 1456-1459 (2007).

81) Skinner, L. C., Fallon, S., Waelbroeck, C., Michel, E., Barker, S.: Ventilation of the deep Southern Ocean and deglacial CO_2 rise. *Science*,

328, 1147–1151 (2010).

82) Raymond, P. A., Bauer, J. E.: Riverine export of aged terrestrial organic matter to the North Atlantic Ocean. *Nature*, **409**, 497–500 (2001).

83) Thunell, R. C.: Calcium carbonate dissolution history in Late Quaternary deep-sea sediments, western Gulf of Mexico. *Quaternary Research*, **6**, 281–297 (1976).

84) Catubig, N. R. *et al.*: Global deep-sea burial rate of calcium carbonate during the Last Glacial Maximum. *Paleoceanography*, **13**, 298–310 (1998).

85) Loubere, P., Mekik, F., Francois, R., Pichat, S.: Export fluxes of calcite in the eastern equatorial Pacific from the Last Glacial Maximum to present. *Paleoceanography*, **19** (2004).

86) Fehrenbacher, J., Martin, P.: Western equatorial Pacific deep water carbonate chemistry during the Last Glacial Maximum and deglaciation: Using planktic foraminiferal Mg/Ca to reconstruct sea surface temperature and seafloor dissolution. *Paleoceanography*, **26**, PA2225 (2011).

87) Franois, R. *et al.*: Contribution of Southern Ocean surface-water stratification to low atmospheric CO_2 concentrations during the last glacial period. *Nature*, **389**, 929–935 (1997).

88) Haug, G. H., Sigman, D. M., Tiedemann, R., Pedersen, T. F., Sarnthein, M.: Onset of permanent stratification in the subarctic Pacific Ocean. *Nature*, **401**, 779–782 (1999).

89) Narita, H. *et al.*: Biogenic opal indicating less productive northwestern North Pacific during the glacial ages. *Geophysical Research Letters*, **29**, 22-1–22-4 (2002).

90) Haug, G. H., Sigman, D. M.: Polar twins. *Nature Geoscience*, **2**, 91–92 (2009).

91) Calvo, E., Pelejero, C., Pena, L. D., Cacho, I., Logan, G. A.: Eastern Equatorial Pacific productivity and related-CO_2 changes since the last glacial period. *Proceedings of the National Academy of Sciences*, **108**, 5537–5541 (2011).

92) Brzezinski, M. *et al.*: A switch of $Si(OH)_4$ to NO_3^- depletion in the glacial

Southern Ocean. *Geophysical Research Letters*, **29**, 1564 (2002).

93) Robinson, R. S. *et al.*: Diatom-bound ^{15}N/[14]N: New support for enhanced nutrient consumption in the ice age subantarctic. *Paleoceanography*, **20** (2005).

94) Robinson, R. S., Brunelle, B. G., Sigman, D. M.: Revisiting nutrient utilization in the glacial Antarctic: Evidence from a new method for diatom-bound N isotopic analysis. *Paleoceanography*, **19** (2004).

95) Brunelle, B. G. *et al.*: Evidence from diatom-bound nitrogen isotopes for subarctic Pacific stratification during the last ice age and a link to North Pacific denitrification changes. *Paleoceanography*, **22**, PA3001 (2007).

96) Reynolds, B. C., Frank, M., Halliday, A. N.: Evidence for a major change in silicon cycling in the subarctic North Pacific at 2.73 Ma. *Paleoceanography*, **23**, PA4219 (2008).

97) Ellwood, M. J., Wille, M., Maher, W.: Glacial silicic acid concentrations in the Southern Ocean. *Science*, **330**, 1088-1091 (2010).

98) Robinson, R. S., Brzezinski, M. A., Beucher, C. P., Horn, M. G., Bedsole, P.: The changing roles of iron and vertical mixing in regulating nitrogen and silicon cycling in the Southern Ocean over the last glacial cycle. *Paleoceanography*, **29**, 1179-1195 (2014).

99) Frings, P. J., Clymans, W., Fontorbe, G., Christina, L., Conley, D. J.: The continental Si cycle and its impact on the ocean Si isotope budget. *Chemical Geology*, **425**, 12-36 (2016).

100) Coale, K. H. *et al.*: A massive phytoplankton bloom induced by an ecosystem-scale iron fertilization experiment in the equatorial Pacific Ocean. *Nature*, **383**, 495-501 (1996).

101) Hutchins, D. A., Bruland, K. W.: Iron-limited diatom growth and Si: N uptake ratios in a coastal upwelling regime. *Nature*, **393**, 561-564 (1998).

102) Matsumoto, K., Sarmiento, J. L., Brzezinski, M. A.: Silicic acid leakage from the Southern Ocean: A possible explanation for glacial atmospheric $p\mathrm{CO_2}$. *Global Biogeochemical Cycles*, **16**, 5-1-5-23 (2002).

103) Bradtmiller, L. I., Anderson, R. F., Fleisher, M. Q., Burckle, L. H.: Diatom productivity in the equatorial Pacific Ocean from the last glacial

period to the present: A test of the silicic acid leakage hypothesis. *Paleoceanography*, **21**, PA4201 (2006).

104) Boyd, P., Mackie, D., Hunter, K.: Aerosol iron deposition to the surface ocean-modes of iron supply and biological responses. *Marine Chemistry*, **120**, 128-143 (2010).

105) Boyd, P. W., Ellwood, M. J.: The biogeochemical cycle of iron in the ocean. *Nature Geoscience*, **3**, 675-682 (2010).

106) Cohen, N. R. *et al*.: Diatom transcriptional and physiological responses to changes in iron bioavailability across ocean provinces. *Frontiers in Marine Science*, **4**, Article 360 (2017).

107) Nunn, B. L. *et al*.: Diatom proteomics reveals unique acclimation strategies to mitigate Fe limitation. *PloS One*, **8**, e75653 (2013).

108) Murray, R. W., Leinen, M., Isern, A. R.: Biogenic flux of Al to sediment in the central equatorial Pacific Ocean: Evidence for increased productivity during glacial periods. *Paleoceanography*, **8**, 651-670 (1993).

109) Murray, R., Leinen, M.: Scavenged excess aluminum and its relationship to bulk titanium in biogenic sediment from the central equatorial Pacific Ocean. *Geochimica et Cosmochimica Acta*, **60**, 3869-3878 (1996).

110) Murray, R. W., Knowlton, C., Leinen, M., Mix, A. C., Polsky, C.: Export production and carbonate dissolution in the central equatorial Pacific Ocean over the past 1 Myr. *Paleoceanography*, **15**, 570-592 (2000).

111) Kasten, S., Haese, R. R., Zabel, M., Rühlemann, C., Schulz, H. D.: Barium peaks at glacial terminations in sediments of the equatorial Atlantic Ocean-relicts of deglacial productivity pulses? *Chemical Geology*, **175**, 635-651 (2001).

112) Jaccard, S. *et al*.: Glacial/interglacial changes in subarctic North Pacific stratification. *Science*, **308**, 1003-1006 (2005).

113) Burton, K. W., Vance, D.: Glacial-interglacial variations in the neodymium isotope composition of seawater in the Bay of Bengal recorded by planktonic foraminifera. *Earth and Planetary Science Letters*, **176**, 425-441 (2000).

114) Foster, G. L., Vance, D.: Negligible glacial-interglacial variation in continental chemical weathering rates. *Nature*, **444**, 918–921 (2006).

115) Jeandel, C., Arsouze, T., Lacan, F., Techine, P., Dutay, J.-C.: Isotopic Nd compositions and concentrations of the lithogenic inputs into the ocean: A compilation, with an emphasis on the margins. *Chemical Geology*, **239**, 156–164 (2007).

116) Noble, T. L. *et al.*: Greater supply of Patagonian-sourced detritus and transport by the ACC to the Atlantic sector of the Southern Ocean during the last glacial period. *Earth and Planetary Science Letters*, **317**, 374–385 (2012).

117) Gaiero, D. M., Brunet, F., Probst, J.-L., Depetris, P. J.: A uniform isotopic and chemical signature of dust exported from Patagonia: Rock sources and occurrence in southern environments. *Chemical Geology*, **238**, 107–120 (2007).

118) Burton, K. W., Ling, H.-F., O'Nions, R. K.: Closure of the Central American Isthmus and its effect on deep-water formation in the North Atlantic. *Nature*, **386**, 382–385 (1997).

あとがき

　学問が細分化し，それぞれの関連性が薄くなっていることで，いろいろな弊害が生まれていると思う.

　この本の執筆の機会をいただいて，今まで自分の経験が走馬灯のように湧いてきた.

　1つの事実に出会ったことがきっかけで，私の描く世界がここまで世界の常識から外れてしまった. そのきっかけは，故増田彰正教授に教わった"審美眼"で希土類元素のデータを解釈したことだった. 解釈の結果に従って研究を進めると，世界で行われている議論と自分の議論がますます乖離していった. これは危険な状況だと気がつきながら，世界で喧々諤々と議論されていることが嘘のように簡単に説明ができるので，ますます解釈に自信を深め，次第に後戻りできなくなった. 1つ例を挙げると，海洋のアルミニウムの分布について行われている議論があった. 世界の研究者は，大西洋の深海で濃度が低く，太平洋の深海で濃度が高くなる理由が説明できず，いろいろな議論がなされていた. 私は，例の希土類元素の議論から導かれるアイデアで説明し論文[17]にまとめたが，これの掲載に漕ぎ着けるまで大変な苦労を強いられた. 本書には，論文掲載の審査中だったり，すでに却下されたアイデアがいくつか含まれている.

　今日，二酸化炭素を巡る問題は日に日に厳しさが増している. 本書に書かせていただいたレールを逸した研究を人々に伝えたいと切に願っていた. どのようにすればこの状況が打開できるのだろう

か．そんな時に，この本の執筆のチャンスをいただいた．

　学術論文では断片的に投稿を行うしかないので，各々研究の有機的なつながりはなかなか伝えにくかった．投稿しても一つひとつの論文がその個別の分野で大きな抵抗にあう．こういうわけで，なかなか進まないでいた．本書は，そのつながりを明記した最初の本である．この本が多くの方に読まれ，変革の契機になることを願っている．

　日頃から研究者として尊敬申し上げている巌佐庸先生には，私の九州大学の最終講義を興味深く聴いていただいた．その後，この内容を本にまとめることを提案していただき，共立出版のスマートセレクションのシリーズに推していただいた．巌佐先生には深く感謝申し上げる．

　共立出版の山内千尋氏には執筆する機会を快く提供していただいた．このようなまだ芽生えたばかりの内容を格調高いシリーズとして出版することに，山内氏は不安を感じられていると拝察する．

　最後に妻，有為子には，年月が経ってもいつまでも子供のような心の私に，笑顔で寄り添い，論文が却下されても，いつも私を信じ続け，励まし続けてくれた．私の仕事は有為子の支えなくしてはなし得なかった．

地球環境の形成に果たす生物の役割

コーディネーター　巌佐　庸

　21世紀において，地球環境の劣化，特に人間活動がもたらした悪影響が大きな問題になっている．地球環境の変化は生物に大きな影響をもたらすが，逆に生物によって環境変化が引き起こされる側面も強い．

　著者の赤木右さんは，微量元素や同位体分析の専門家として名を馳せ，九州大学の地球惑星科学の教授として長年教鞭をとられてきた．赤木さんが高校生の頃，人間活動が自然を破壊していることが注目され始めた．生物が地球環境をつくるうえで大きな役割を果たしていることを確かめたいと考え，分析化学に進み，地球化学の世界で研究を展開してこられた．

　本書の第1章では，岩石が粉砕されて化学反応を起こし，さまざまな元素の挙動に影響する風化について説明される．たとえば地球大気の温度に影響を与える二酸化炭素は，光合成植物が吸収してくれると誰もが思う．しかし，その後動物や微生物によって有機物が分解される逆反応を考慮すると，長期的な効果は植物による吸収量と排出量とはほぼつりあってしまうという見積もりがある．それに対して，岩石が風化する時には二酸化炭素が吸収され，大気中濃度をほぼ一方向的に減少させる．そして植物や微生物はこの風化を促進する．地球の気候の長期的な変動に対する生物の貢献としては，風化の促進を通じての効果がとても大きい．私は，このような大きな時間スケール・空間スケールで生物の効果を考えることは，今ま

でなかなかできなかった．地球で起きている現象を理解する基盤として本書はとても重要で，特に生態学や進化生物学を学ぶ人にはぜひ読んでほしい．

　第2章と第3章では，東京農工大学で教鞭をとられた頃から，珪藻が環境に与える大きなインパクトに注目するようになったことが書かれている．珪藻は海洋での光合成の半分，地球全体の光合成の4分の1を占める大きな役割を果たしている．そして特に生産力の高い海域では，珪藻は凝集体をつくり急速に沈降するために二酸化炭素を減らす効果があるという．珪藻が岩石の風化を促進することを確かめる実験や希土類元素など微量元素の化学分析を通じて次第に物事を明らかにしていく姿が描かれている．

　第4章において，本書の中心テーマが述べられる．珪藻の繁茂と沈降による元素の挙動が基本原因となって，氷河期／退氷期／間氷期の約10万年周期のサイクルが生じたというシナリオ，「深海微生物風化モデル」である．

　現時点で，氷河期／間氷期の周期に関する説明として，ミランコビッチサイクルという地軸の傾きの周期的変化をもとに氷河の物理的な変形や回復にかかる時間を考慮した「氷床リバウンドモデル」が主流で，珪藻の役割は考えない．さまざまな証拠をもとにすると赤木右さんの「深海微生物風化モデル」は，とても魅力的な説明であるように私には思える．しかし，この意見で統一されるまでにはいまだなっていなくて，これからも実証していかないといけない．

　第5章では，温暖化対策として大気中の二酸化炭素を海に吸収させようとして提案・実施されているさまざまな方策についての評価や，深海微生物風化モデルに基づいた望ましい方策の提案がなされている．

　本書の随所で，研究においてさまざまな工夫を重ね，苦労して次

第に物事がわかってくるプロセスが丁寧に描かれている．科学の進歩は，違った考えの研究者がさまざまな証拠を出しながら議論を続け，どの説明が正しいのか判明しない状態が長年続いた後でようやく決着することが多い．現在多くの人が受け入れている考えに間違いがないかどうかをいつも考え，別の説明，新しい仮説を思いつくよう努めることが，優れた研究成果を挙げるにはとても重要だ．もし読者の中に，正しいことが書いてある教科書を読んでその説明を記憶することが科学を学ぶことだというイメージをもっている方がおられたら，すぐに改めてほしい．

　赤木さんが，生物が環境に対して影響し，環境が生物に影響するというフィードバックシステムに興味をもったきっかけは，James Lovelock の「ガイア仮説」に魅せられたからだった．その考えでは，地球上のさまざまなプロセスは生物の生育にとって好適な環境をつくり出して維持するように仕組まれているとされる．

　赤木さんが九州大学に転任された時，大学院生の瀬戸繭美さんも東京農工大学から九州大学に移籍された．瀬戸さんは，赤木教授の指導を受けてデイジーワールドモデルを調べる理論研究を進めた．そのモデルは，物理環境からの輻射熱の違いによって形成される温度に大きな違いがあっても，反射率が異なる2種類の植物が生育することでその違いが打ち消され，環境の温度がほぼ一定の状態になるというシナリオである．これはガイア仮説の基本概念を示すものとして Lovelock らが提唱した．

　私も，生物の環境に対する影響を考えるため，さらに単純化したシステムについて瀬戸さんと調べてみた．高山地域に多いミズゴケは，生育する湖沼を酸性にする．そのことで競争相手になる他の植物が生育しにくくなり，生息地を独占できる．極度の酸性はミズゴケ自身にも害があり，生育を遅らせるが，競争相手より酸性環境に

耐えられるなら，この戦略は十分に引き合う．

　簡単な数理モデルをつくってみると，環境の pH がほぼ一定になる状態が，広い範囲で実現される．ミズゴケが環境を酸性化し，それが強くなると，その害で自らがそれ以上には増えられなくなる．環境要因，たとえば母岩から供給される鉱物によって規定される pH が中性だと，ミズゴケはもっと多くなってから増殖が止まる．もともとの pH の違いはミズゴケの量の違いとして打ち消されることになり，ほぼ一定の pH が実現してしまう．この研究から，環境に影響を与える生物がいると，一定環境をつくり維持する傾向があることがよく理解できた．

　地球科学の本を見ると，天体としての地球のあり方から太陽系の 1 惑星としての地球の基本が決まり，マントル対流，プレートテクトニクス，大陸移動，火山活動などの物理現象からさまざまな天変地異が生じて，それらが生物界の姿に大きな影響を与えてきたと語られる．少々乱暴にいうと，物理現象がほぼ一方的に生物界に影響を与えたというシナリオで満ちている．

　実際には生物が引き起こした変化もあるはずだ．たとえば大気中の酸素は，ほぼすべてがシアノバクテリアとそれが共生してできた藻類や陸上植物にある葉緑体の働きでつくり出され，維持されている．

　私もわずかだが，地球環境に対する生物のインパクトを考えた研究に参加したことがある．約 24 億年前に大気中の酸素が一挙に 10 万倍以上になった．シアノバクテリアは，その数億年前には出現していた．その時になって急に酸素が増大した原因としては，それまでは酸素非発生型光合成細菌との競争に負けていたシアノバクテリアが，環境の変化によって競争能力が逆転したからではないか．このシナリオに基づいて，Andy Knoll（Harvard 大教授）らとの共

同研究で理論計算した．もしそれが正しいなら，競争者間の強弱逆転が大酸化イベントを引き起こした，つまり生物学的現象が地球上の大きな変化をもたらしたことになる．

しかし地球科学者の執筆した本を見ると，大酸化イベントが生じた時期は酸素を消費する無機的反応とのバランスで決まったとか，その直前に生じた地球の氷結と何らかの関連があるに違いないという議論だけが取り上げられている．生物の存在が地球環境に与える影響は小さく，物理・化学的な現象が一方的に生物相に影響するというシナリオが優先される傾向があるようだ．

生物による環境形成作用を重視する赤木さんの見方は，地球化学者としては一般的ではないのかもしれない．その元には，若いうちに Lovelock のガイア仮説に感銘を受けたことにあるという．

進化生物学には，ガイア仮説には基本的考え方に誤りがあるとする意見がある（Dawkins., R.: *The extended phenotype*: *the gene as the unit of selection*. 1982：R. ドーキンス著・日高敏隆ほか訳『延長された表現型』紀伊國屋書店, 1987）．この批判の背景を説明するため，生態学・進化学・動物行動学などで 20 世紀後半に生じた考え方の転換を説明しよう．

生物が適応的に生きていることは，自然淘汰を含む進化の働きの結果と考えられる．自然淘汰は，ある遺伝子が対立遺伝子を押し除けて広がるプロセスである．広がる理由には，その遺伝子をもつ個体が病気に強い，餌を探す効率が高い，配偶者を獲得しやすいなどがある．その結果，それらの性質をもつ個体が現在見られる．

自然淘汰の上での適応性は，あくまでも遺伝子の広がりによって定義されており，それが種や集団の存続などをもたらすとは限らない．たとえば性比の進化を考えてみよう．雌雄に分かれている生物では，雌雄はほぼ同数がつくられる．しかしその生物の増殖率や

存続という観点では，それは最適ではない．大多数の動物では，雄は子供の世話をしないので，育つ子孫の数は，雌の数だけに依存する．もし 50% ずつ雌雄をつくるのではなく，雌を 90%，雄を 10% というふうに雌にバイアスさせて子を産むタイプが現れると，後者の方は同じ場所に棲んで同じ餌を食べていたとしても孫の数は 2 倍近くになり，数世代経つと元のタイプよりずっと多くなってしまう．無駄な雄の比率を減らすことができれば，集団全体の人口増加や種の存続という観点では，ずっと有利なのだ．

　しかし自然淘汰はそのようには働かない．子供はかならず母親と父親から遺伝子を半分ずつ受けとる．その結果，雌がずっと多い場合には，少数の雄が多数の雌と交配して次世代をつくることになる．雄 1 匹の残す子供の数は，雌 1 匹が残す子供の数よりもずっと多い．息子を産むことは集団の増殖には貢献しないのに，母親が自分の遺伝子を残す上ではずっと有利になる．子の大多数を娘とする母親がほとんどだとすると，そこに多くの（無駄な）息子を多く産む母親が現れて，その息子が多数の子供をつくれるために，他の母親が残した孫の数よりもはるかに多くの孫を残す．雄を多数産むタイプが広がることによって雄をより増やすように性比が進化してしまう．

　以上の議論から，「生物が適応する時の単位は，種ではなく集団でもなく，多くの場合は個体であり，究極的には遺伝子である」といわれる．この考えによって動物行動や生態学のさまざまな側面がよく理解できるようになった．チョウの配偶行動に関しての事情は，渡辺守著『チョウの生態「学」始末』（共立スマートセレクション 25）に詳しく書かれている．だから「種が適応する」とか，「集団が適応する」，さらには「生態系が適応する」という言い方に対しては神経を尖らせることになる．つまりそれを単位として自然

淘汰が働き，その結果適応的性質をもつように進化した場合でないと適応する単位として考えてはいけない.

　Lovelock は，地球の環境には生物とのフィードバックにより，生物の生育に好適な状態を維持しようとする傾向があると考えた.この恒常性をつくり出す側面は生物と似ているのではないか，として，地球環境全体が 1 つの生命体と見られると主張し，ガイアという名前をつけた.*Gaia* の 2016 年に出た第 2 版でも，「地球全体が生物のように適応している」とか，「ガイアの考えは地球全体を超生物（superorganism）と見なすもの」と書いている.

　これに対して Dawkins は，繁殖をするシステムがさまざまに異なるタイプをつくり，それらの間で競争が生じることで適応的性質をもつものが選抜される，という自然淘汰による秩序形成を念頭に生物とは何かを考える.生物の定義には，恒常性や代謝といった項目が含まれている.しかしそれらは，自然淘汰による進化から派生したものだ.恒常性が見られるだけで，地球全体が超生物だ，とするガイア仮説はあまりにもナイーブな議論，と Dawkins は考える.

　ミズゴケやデイジーワールドのモデルから，生物が生育して環境に影響する場合に，環境が一定状態を維持するようになる傾向がありうることは私にもよく理解できた.しかし，それはミズゴケやデイジーの適応の結果である.ミズゴケは自然淘汰の結果，たとえば環境を酸性化することによって競争相手の植物を抑えて自分たちが生息環境を独占する効果によって繁栄している.Dawkins は「延長された表現型」で，環境に影響し改変する生物の性質がどのように進化するかを議論している.

　地球全体が自然淘汰を受けた結果，環境の恒常性を示した地球環境だけが進化したとは Lovelock を含めて誰も考えていない.しかし，人間を含む生物が生息する世界が，恒常性を示す地球環境とい

うシステムに含まれていることは偶然ではないのかもしれないと，私は考えている．

　宇宙物理学の理論では，さまざまなタイプの宇宙がありうる．それらの中で，適切な時空構造をもち，水を保持した惑星がつくられ，生命の維持に好適な環境が十分に長い時間維持され，人間のように知的な生物が進化してきた宇宙は，ごく稀にしか生じない．逆に考えると，人間のような知的生物がいるところではほぼ確実に好適な環境が維持されているはずだ．だから，人間の居住場所で，生息に好適な環境が維持される条件が整っていたのは偶然ではない，というのだ．この説明は人間原理（anthropic principle）と呼ばれる．

　ガイア仮説が説明しようとする地球生態系の恒常性は，環境を改変する生物が恒常性をつくり出したこと，自然淘汰がさまざまな生物に個別に働いたことに加え，知的生物である人間が進化できるためには恒常性をもつ環境でなければならなかったという人間原理の結果なのかもしれない．

　もしこのあとがきから読み始められた読者がいれば，ぜひ本書を読んで，地球全体といった大きな空間スケールの現象と，我々の生涯に比べて桁違いに長い年月を経て及ぼす影響に思いを馳せてほしい．そして，新しいものの見方を打ち立て，分析化学の手法を駆使して真実に迫ろうとする赤木さんの姿を読みとり，科学研究がどのように進められるものなのかを知ってもらいたい．

索　引

memo

著 者

赤木 右（あかぎ たすく）

1985 年　東京大学大学院理学系研究科博士課程修了

現　在　九州大学名誉教授，理学博士

専　門　地球化学

コーディネーター

巌佐 庸（いわさ よう）

1980 年　京都大学大学院理学研究科博士課程修了

現　在　九州大学名誉教授，理学博士

専　門　数理生物学

共立スマートセレクション 40
Kyoritsu Smart Selection 40
生物による風化が
地球の環境を変えた

*Weathering by Organisms has
Changed the Earth Environment*

2023 年 7 月 30 日　初版 1 刷発行

著　者　赤木　右　　© 2023

コーディ
ネーター　巌佐　庸

発行者　南條光章

発行所　**共立出版株式会社**
郵便番号　112-0006
東京都文京区小日向 4-6-19
電話　03-3947-2511（代表）
振替口座　00110-2-57035
www.kyoritsu-pub.co.jp

印　刷　大日本法令印刷
製　本　加藤製本

検印廃止

NDC 450.13, 455.9, 461

ISBN 978-4-320-00940-0

一般社団法人
自然科学書協会
会員

Printed in Japan